现代农业科技创新发展探究

◎赵 佳 等 著

中国农业科学技术出版社

图书在版编目（CIP）数据

现代农业科技创新发展探究 / 赵佳等著 . -- 北京：
中国农业科学技术出版社，2024.3. -- ISBN 978-7
-5116-6864-6

Ⅰ. F327.52

中国国家版本馆 CIP 数据核字第 2024F4S842 号

责任编辑　白姗姗
责任校对　李向荣
责任印制　姜义伟　王思文

出 版 者　中国农业科学技术出版社
　　　　　北京市中关村南大街 12 号　　邮编：100081
电　　话　（010）82106638（编辑室）　（010）82106624（发行部）
　　　　　（010）82109709（读者服务部）
网　　址　https://castp.caas.cn
经 销 者　各地新华书店
印 刷 者　北京建宏印刷有限公司
开　　本　170 mm×240 mm　1/16
印　　张　7.75
字　　数　102 千字
版　　次　2024 年 3 月第 1 版　2024 年 3 月第 1 次印刷
定　　价　56.00 元

《现代农业科技创新发展探究》
著者名单

主　著：赵　佳

副主著：齐康康

著　者：王风云　　侯学会　　刘淑云

　　　　郑纪业　　王利民　　陈英凯

前言

　　根据国家、山东省"十四五"规划和相关专项规划等要求，力争站在山东农业产值破万亿的新起点上，以增强自主创新能力作为战略基点，围绕现代种业创新、耕地质量提升、智能农机装备等方向进行战略研究。

　　同时，结合国内外产业背景、技术体系构成、发展瓶颈短板等，摸清领域创新资源及产业发展现状，梳理产业重点环节清单，着力厘清领域"卡脖子"技术的难点、痛点、堵点问题，构建关键技术攻关体系（颠覆性技术、重大基础研究、"卡脖子"技术、国产化替代等），提出推进山东省现代农业科技创新发展和产业应用的战略建议，特出版本书，以供参阅。

　　该书得到项目"山东省现代农业领域科技发展战略研究"的支持，研究过程中，特别感谢山东省农业科学院阮怀军研究员的倾心指导，感谢国家农业信息化工程技术研究中心赵春江院士、中国农业大学李道亮教授、中国农业科学院吴文斌研究员、吉林大学齐江涛教授等行内学者给予的咨询建议。若有不妥之处，也恳请广大读者批评指正。

著　者

2024 年 3 月

目录 ■

第一章

现代农业科技发展背景意义

2021 年，山东省农业总产值成为全国首个过万亿省份，多个领域位于"全国第一"，力争站在山东农业产值破万亿的新起点上，以增强自主创新能力作为战略基点，围绕种业创新、耕地质量、智能农机装备等方向进行战略研究，适应新发展阶段，落实新发展理念，融入新发展格局。重点以服务国家科技自立自强为己任，在保障粮食安全和主要农产品有效供给、促进农业高质量和绿色发展等方面加强原始创新和集成创新，针对山东省推进乡村振兴中遇到的问题，提供多模式跨学科一体化的科技解决方案，提出推进山东现代农业科技发展和产业应用的战略建议。

仓廪充实、餐桌丰富，种业安全是基础。一粒种子可以改变一个世界，一项技术能够创造一个奇迹。农业现代化，种子是基础，现代种业是国家战略性、基础性核心产业，是保障国家粮食安全和重要农产品有效供给的基石。习近平总书记强调，要下决心把我国民族种业搞上去，抓紧培育具有自主知识产权的优良品种，从源头上保障国家粮食安全。党和国家做出了"开展种源'卡脖子'技术攻关，立志打一场种业翻身仗"的战略部署。山东作为农业大省、种业大省，为深入贯彻落实国家种业振兴战略，聚焦种业强省建设目标，坚持问题导向，提出了在新起点上加快现代种业强省建设的建议。

同时，习近平总书记多次强调，粮食生产的根本在耕地，要像保护大熊猫一样保护耕地。耕地是农业发展之基，是乡村振兴的物质基础。严格落实耕地管理，保障耕地资源可持续利用，是国家实施"粮食安全"重要战略的根本。2021 年中国经济工作八大重点任务之一是"解决好种子和耕地问题"，实施"藏粮于地、藏粮于技"

战略，需要全面认识耕地质量变化，使耕地保护与利用的政策措施具有科学性和针对性。山东省耕地数量有限，以全国 6% 的耕地生产约占全国 8% 的粮食、11% 的水果、12% 的蔬菜。近年来在提升耕地质量、发展生态农业等方面做了大量实践探索，取得一定成效。

智能农机装备是现代农业科技创新的重点领域，针对当前我国农机装备自主创新能力弱、关键核心技术供给不足、全程全面机械化环节薄弱等短板，习近平总书记指出"要大力推进农业机械化、智能化，给农业现代化插上科技的翅膀"。根据国家、山东省"十四五"规划等要求和山东省科技厅、中国工程科技发展战略山东研究院部署，坚持产业需求和问题导向，遵循农业科技发展规律，强化原始创新，努力创造具有自主知识产权的核心技术，不断抢占竞争制高点，牢牢把发展主动权掌握在自己手里。

在研究内容上，一是国内外背景、着力厘清山东省种业技术创新、耕地质量提升技术创新、智能农业装备领域技术创新的难点、痛点、堵点问题，凝练关键核心技术、前沿引领技术和颠覆性技术。二是分析技术趋势和发展现状，技术创新总体方向和发展目标。

在研究目标上，围绕核心技术自主化，梳理产业链条和创新链条，开展关键技术发展预测，为科技部门找准工作发力点提供支撑，为精准编制项目指南、高效配置创新资源提供参考。

在研究方法上，一是通过文献计量、资料分析、实地调研等方法，对技术及相应的产业政策、市场、战略布局进行分析和概述。二是基础研究、前沿与颠覆性创新研究等交叉融合。三是通过情景分析、模型预测与专家咨询相结合的方法，开展重大关键技术预测，凝练关键重大项目建议。四是以全产业链创新为主线，基于山东省新旧动能转换和农业强省建设，提出以科技创新引领和支撑产业发展的新思路。五是充分咨询中国农业大学、中国农业科学院、吉林大学、西北农林科技大学等国内优势单位力量，围绕山东农业持续走在国内前列目标，通过多种方法综合运用，提高研究结果的可信度，提出有分量、有操作性的方案和建议，服务全省科技创新重点工作，支撑科技管理部门决策。

不断围绕农业高质量发展和乡村振兴战略目标，聚焦现代种业、耕地质量提升、智能农业装备"关键核心技术攻关，创新驱动乡村振兴"两个着力点，突破"卡脖子"技术，支撑全省高效、安全、生态现代农业发展，为加快农业新旧动能转换、国家科技自立自强贡献山东力量。

第二章

国内外现代农业科技进展

第一节 国外技术进展

一、种业技术

发达国家占据着国际种子市场贸易的主导地位。其种子市场基础强，种子产业规模大，技术研发实力强，实行自主技术垄断，产业集中度高。现代的种业产业化起始于 19 世纪，盛于 20 世纪中叶。1990 年至今，跨国公司竞争是种业发展最突出的特点，此类企业集选育、生产与销售于一体，在不断扩大国际种子市场的占有率后，表现出了一定的垄断趋势。在一些国家中跨国企业市场份额极大，且兼并或收购了一些其所处国家的本土企业。种业企业之间的并购重组成了种业世界的一大潮流，大型种子企业规模不断扩大，世界种业市场的集中度不断提高，高新技术成果和尖端人才成为各跨国种业集团竞争的焦点，兼并重组成为行业发展的方向，种子企业向多元化、集团化、国际化发展（图 2-1）。

企业名称	营业额（亿欧元）	排名
孟山都（美国）	100.11	1
陶氏杜邦（美国）	74.96	2
先正达中国化工（中国）	24.37	3
利马格兰（法国）	16.63	4
科沃施（KWS，德国）	13.57	5
拜耳（德国）	13.56	6
丹农（DLF，丹麦）	4.79	7
瑞克斯旺（荷兰）	3.88	8
隆平高科（中国）	3.04	9
坂田种子（日本）	2.85	10

图 2-1 农作物种业市场规模集中度

种子处于农业的前端，是农业的命脉，欧美等发达国家均将其列入国家战略。跨国种业巨头主要的渗透方式是凭借其雄厚的产业资本与中国企业合资，由最早的控制销售端，逐步演变成从新品种研发、繁育到种子生产、销售的整条产业链（图2-2）。产业化程度在不断提高，种业科技含量在不断提高，而随之而来的则是种子商品的核心竞争力不断提高，这3个要素是发达国家种子产业发展的核心特征。

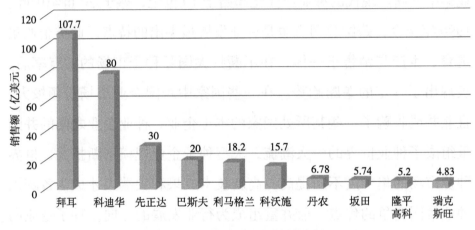

图2-2　农作物种业市场销售额度

由于受到人口持续增长、有限的耕地资源、极端气候频现等多方面的压力，全球种子市场一直呈现持续增长的态势。从全球范围来看，种业已经升级成为明显的科技驱动型产业，种业市场的竞争演变成各国科技实力的竞争。为了适应这种竞争形势，种业企业都明显加大了科研方面的投入。在高投入的背后，各大种业巨头获得了大量的经营品种，为其可持续发展奠定基础（图2-3、图2-4）。

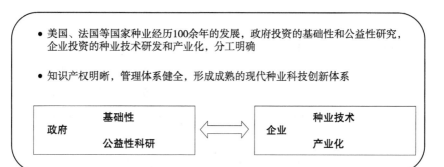

图 2-3 主要国家跨国种业企业发展方向

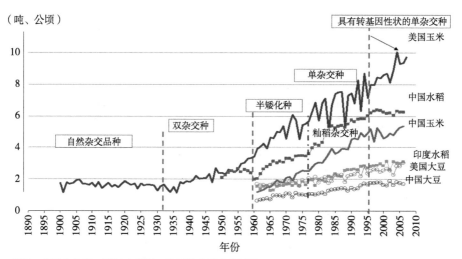

来源：美国农业部，国际水稻所，世界粮食及农业组织

图 2-4 科技创新推动作物改良增产百年史

发达国家的种子法律和法规较我国和其他发展中国家都更为完善，而健全的法律法规体系和监管制度是一些西方先进国家建立种子管理体制的必备要素，同样也是使种子管理体制可以正常发挥作用的重要条件（图 2-5、图 2-6）。

国家／地区	时间	政策
美国	2012 年	国家生物经济蓝图
欧洲	2014 年	工业生物技术路线图
欧盟	2012 年	持续增长的创新：欧洲生物经济
印度	2016 年	国家生物技术发展战略（2015—2020）
德国	2013 年	生物经济战略
俄罗斯	2018 年	生物技术发展路线图（2018—2020）
韩国	2010 年	生物经济基本战略
英国	2016 年	英国合成生物学战略计划
日本	2011 年	第四期科学与技术基本计划

图 2-5　主要国家和跨国企业政策支撑体系

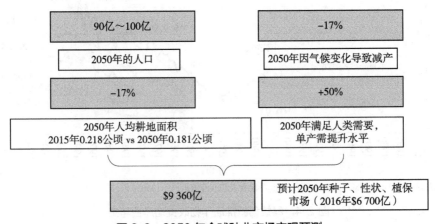

图 2-6　2050 年全球种业市场宏观预测

二、耕地质量提升技术

自 20 世纪 90 年代以来，随着集约化可持续农业发展规划的提出，世界各国逐步提高耕地质量和水土资源利用效率，促进农业生产能力稳步提升，在耕地障碍消减、盐渍障碍微生物修复、水资源高效利用的生物化学原理、障碍土壤改良综合工程技术、耕地障碍和自然灾害的抗逆品种筛选技术和智能化农业体系建设等方面取得重要进展。

国外耕地质量提升的研究热点，一是针对耕地生产过程，研制改进耕地质量和生产力要素物理、化学、生物过程及要素间相互作用的工程技术及新型产品；二是针对耕地资源利用效能提升，研发快速、精准、精细的耕地质量感知、评价、提升、管控等综合提升技术和系统；三是针对提升耕地基础条件，研制改善耕地质量和生产力要素的成套技术及工程、设备；四是拓展耕地资源空间的技术、装备和生产力组织能力。

从国外发达国家的经验来看，主要有 5 种提高耕地质量、增加农业效益、走向农业现代化的发展模式和路径，一是以美国为代表的优质耕地高效利用技术体系，通过培育适应现代化大农业生产的耕地质量构建、资源利用和生产力保障的技术体系，实现农田规模化、机械化、专业化和区域化利用；二是以日本为代表的障碍耕地人为重构技术体系，通过消减耕作土壤障碍因素、加强农田基础设施建设、改善农田健康基础环境等成套技术，显著增强耕地生产的稳定性和可持续性；三是以荷兰、以色列为代表的边际耕地精细调控技术体系，通过研制高效灌排、设施农业、生产过程的精准控制技术及其配套装备，融合新技术、新装备重塑耕地利用流程，实现耕地利用过程的自动化、精细化、全方位的监测管控技术，显著提升水土资源利用效率；四是污废耕地恢复治理技术体系，以土壤退化原因的针对性治理为主体，配套保护性耕作、施用有机肥等措施，逐渐恢复耕地土壤质量；五是替代耕地工程技术研发，应用工程技术发展设施农业，将作物生产空间拓展到了海洋、城市、沙地以及损毁、退化、废弃土地，能够快速形成耕地生产能力，为山东省耕地保护和质量提升提供了参考路径。

未来亟须深入开展盐渍土精准控盐高效理论与技术、土壤盐渍障碍绿色消减与健康保育、盐渍农田养分库容扩增与增碳减排、盐渍化与区域生态耦合响应和协同适应等方面的理论与技术研究。

三、智能农机装备技术

现代农业是基于农机装备技术而进行生产的。农机装备水平是衡量一个国家现代化水平、农业发展水平的基本标志，是农业现代化发展的必然方向，是农业生产效率的保证，也是农民增收的保证。因此，智能农机装备产业的发展对于促进各国相关政策和战略的实施具有积极作用。

国外对小麦和玉米的农机装备研究较国内而言更早、也更先进。在小麦旋耕方面，印度通过分析旋耕速度、进刀速度、速率比等，研制了不同规格的旋耕刀具，功耗更低，作业性能更佳。泰国通过运用喷涂技术，大大增强了刀具的抗破坏性。美国将鲜食玉米收获效率提高到一个新水平，通过配置不同的收获头架，可用于鲜食玉米、种子玉米、粮食玉米，甚至豆类的全程机械化收获，实现一机多用。

第二节　国内技术进展

一、种业技术

我国幅员辽阔，是全球重要的种子消费国，具有极大的市场容量，每年消耗的种子数量达 120 余亿千克，其中我国自身种子的年产量大概仅有 45 亿千克，也就是说存在 80 亿千克的缺口，这一部分种子必须从国外进口。自从 2012 年的中央一号文件首次提出要以种业的科技改革为重心等一系列政策以来，我国种业产业健康快速发展，2020 年全国种业市场规模超过 1 400 亿元，年均增长 4% 左右。在水稻、小麦、大豆、油菜等大宗作物用种上，我国已经实现了品种全部自主选育，主要农作物种子质量合格率稳定在 98% 以上，玉米自主品种面积占比恢复增长到 90% 以上，做到了"中国粮"主要用"中国种"。蔬菜自主选育品种市场份额达到 87%，猪牛羊等畜禽及部分特色水产种源立足国内有保障。

随着 2011 年国务院《关于加快推进现代农作物种业发展的意见》出台，2016 年《国家农作物品种审定委员会关于印发国家审定品种同一适宜生态区的通知》，2022 年新修订的《中华人民共和国种子法》等一系列文件的颁布并实施，明确了种子企业是商业化育种体系的核心，大大提高了行业准入门槛。国家鼓励和支持具有育繁推一体化能力的大型企业继续兼并重组扩大发展，企业兼并重组不断加快，种子研发、生产的集中度明显提升。

研发育种能力一直是种业的核心竞争力，但商业性、公益性育种界限模糊等问题严重制约了我国种业研发水平的提升。种业竞争力往往体现在核心技术和品种上，而技术和品种的获取都离不开研发投入，我国种子企业研发投入占营业收入比率普遍较低。中国绝大部分种子企业的研发投入低于国际正常线5%，某些种业公司甚至徘徊在死亡线1%附近（国际公认标准，企业科研投入1%是死亡线，2%是维持线，5%是正常线），与跨国种业集团10%以上的研发投入相比还有很大差距，而且在种业人才的待遇和科研氛围方面也存在较大差距。由于研发能力不足、研发投入偏小、种质资源缺乏，我国自主研发的种子大部分质量不高，生命周期较短，抵抗市场风险的能力较弱。从育种技术手段来看，跨国种业大公司在分子育种领域尝试了大概25年，成熟使用该技术大约15年，而我国种业公司的分子育种还未进入系统化发展阶段。

如何振兴国家种业，已经成为涉及国家粮食安全战略的重大问题，因此，科技部2012年提出了再造中国种业创新体系的战略任务，2013年3月在深圳前海发起成立国家农业科技园区协同创新战略联盟及园区联盟投资基金，2014年9月成立了首支国家种业创新基金，为中国的种业发展战略奠定了坚实的基础。国家对种业的重视程度逐步加强，尤其是国务院颁布的《关于加快推进现代农作物种业发展的意见》，把我国种业定位为"基础性、战略性的核心产业"，明确指出要逐步建立以企业为主体的商业化育种机制，对我国种业发展具有里程碑式的意义。2021年，中央全面深化改革委员会通过《种业振兴行动方案》，再次对种业发展做出部署，是中国种业发展史上具有里程碑意义的一件大事。

《中华人民共和国国民经济和社会发展第十四个五年规划和

2035 年远景目标纲要》中明确提出"支持行业龙头企业联合高等
院校、科研院所和行业上下游企业共建国家产业创新中心""加强
农业良种技术攻关"和"培育具有国际竞争力的种业龙头企业"等
要求。党中央的战略决策，进一步把种业技术创新与企业发展摆在
了更加突出的重要位置，把种业作为"十四五"及今后农业科技攻
关及农业农村现代化的重点任务来抓，民族种业迎来重大政策机遇
（图 2-7）。

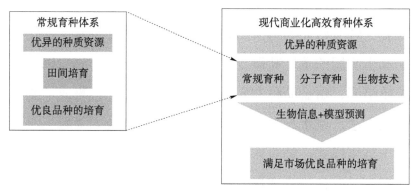

图 2-7　现代作物育种体系

二、耕地质量提升技术

我国相继实施了"中低产田改良""沃土工程""高标准农田建
设"等计划。耕地质量提升研究主要体现为以耕地资源为对象的全
要素、全过程的科学认知、数据获取、合理利用、改造修复、高效
管控等方面。通过三次全国土地调查，查清了土地利用现状，掌握
了土地资源底数。在耕地资源安全的科技创新和工程实践等方面，
阐明了中低产田土壤肥力演变规律，发展了地力快速提升理论与技

术。在土壤结构—养分库容—生物网络功能协同提升机制、主要粮食产区农田土壤有机质演变与提升综合技术、黄淮海地区农田地力提升与大面积均衡增产技术及其应用、土壤生物障碍消减的微生物有机肥及其新工艺方面取得显著进展和系列成果，形成了一定技术积累。

在耕地质量提升技术方面，针对南方红壤酸化对氮磷养分高效利用的限制，集成了不同有机源生物炭生产和施用技术，开发了基于畜禽粪便与碱性粉煤灰或高岭土"共堆肥"生产有机肥的方法和配套设施。针对西北和滨海区盐碱土改良，建立了基于垄作、施用硫酸铝和生物肥的重度盐碱土治理技术，研发了滨海盐碱地加速脱盐、长效培肥、耐盐品种和轻简栽培的技术体系，集成了滴灌土壤水盐调控方法、咸水滴灌土壤水盐调控技术以及"滴灌＋垄作＋覆膜"改土利用模式。针对东北黑土耕层变薄和华北潮土砂性障碍等问题，研发了以秸秆掩埋激发式快腐为核心的肥沃耕层构建技术体系。针对南方丘陵区瘠薄耕层障碍的红壤和紫色土，集成侵蚀、酸化和养分贫瘠化阻控和生态修复技术，构建"微地形改造—聚土垄作免耕—坡式梯田"改土培肥模式，建立适应不同区域的"畜—沼—林／果／农"生态模式。

目前针对不同类型中低产耕地的培肥改良，需要研究耕地地力培育与水肥资源利用的关联机制，阐明障碍胁迫对耕地地力提升和作物适应性影响，挖掘植物耐逆抗逆功能基因和适生植物资源优势，建立中低产田和退化耕地产能综合提升模式，研发配套机械、改良剂和肥料产品，为实现"藏粮于地"的目标提供基础理论和技术支撑（图2-8）。

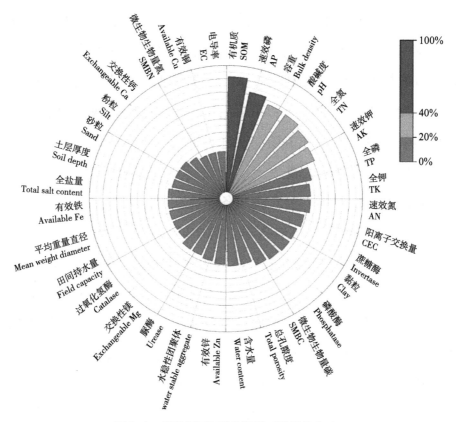

图 2-8　耕地质量评价指标体系的选取频率

三、智能农机装备技术

　　智能农机装备是集复杂农业机械、智能感知、智能决策、智能控制、大数据、云平台、物联网等技术于一体的现代农业装备，可自主、高效、安全、可靠地完成农业作业任务。随着计算机技术、传感技术、现代通信技术和智能控制技术等技术的发展，统一规范的农田建设有效提升了农机装备的适应性，扩展了智能农机装备的应用空间，《中国制造 2025》计划将智能农机装备列为十大发展领域之一。同时针对我国人口老龄化进程加快、从事农业人口锐减的基本国情，采取农业机械与信息化技术融合的智能农机装备发展手段，有效提高农业资源利用效率，保障农业可持续发展，推进农业农村现代化进程。加快产品实用化和高端化结构转换，能够为我国农机装备提供了更大的市场，促进农机装备产品的销量同时也推动智能农机装备产业的发展。

我国作为世界第一大农机装备制造和使用大国，农机总动力超过10亿千瓦，各种农机装备总量约2亿台套，全国农作物耕种收综合机械化率达到70%，主要粮食作物基本实现生产全程机械化，农机制造市场的制造水平、农机装备总量、农机作业水平都得到了稳步提高。但与发达国家相比，在农业机械化水平、农机装备制造水平、产品可靠性和农机作业效率等方面还有很大差距。因此，智能农机装备产业发展需积极促进农机装备产业转型升级，基于全产业链强化农机装备研发制造和推广应用，全面提升智能农机装备产业水平，促进智能农机装备产业深度转型调整，实现农业绿色发展。

通过对我国智能农机装备需求、市场、技术等方面发展现状的分析，正视与发达国家智能农机装备产业间存在的差距，积极推进智能农机装备产业的转型发展，建立健全智能农机装备产业发展机制和方向，提高智能农机装备的生产性和稳定性，对实现农业现代化可持续发展具有重要的战略意义。

国务院出台了《关于加快推进农业机械化和农机装备产业转型升级的指导意见》，提出了通过加快推动农机装备产业高质量发展、着力推进主要农作物生产全程机械化、大力推广先进适用农机装备与机械化技术、积极发展农机社会化服务、持续改善农机作业基础条件、切实加强农机人才培养、强化组织领导等措施的实施，最终构建自主可控的技术、产品、服务体系和创新生态体系，促进农业发展方式转变，不断提高劳动生产率、土地产出率、资源利用率和综合生产能力，保障粮食安全，推进乡村振兴。

中共中央办公厅、国务院办公厅印发了《粮食节约行动方案》，提出了农业生产过程中要减少田间地头收获损耗，加快推广应用智能绿色高效收获机械，将农机手培训纳入高素质农民培育工程，提高机手规范操作能力；提升粮食加工技术与装备研发水平，推动产业向高端化、智能化、绿色化转变，提升副产物利用技术水平。

中共中央、国务院出台了《关于全面推进乡村振兴加快农业农村现代化的意见》，提出了加快推进农业现代化建设，需要强化现代农业科技和物质装备支撑，提高农机装备自主研制能力，支持高端智能、丘陵山区农机装备研发制造，加大购置补贴力度，开展农机作业补贴。

中共中央、国务院出台了《乡村振兴战略规划（2018—2022 年）》，提出了加快农业现代化建设步伐，需要提升农业装备和信息化水平，推进我国农机装备和农业机械化转型升级，加快高端农机装备和丘陵山区、果菜茶生产、畜禽水产养殖等农机装备的生产研发、推广应用，提升渔业船舶装备水平。促进农机农艺融合，积极推进作物品种、栽培技术和机械装备集成配套，加快主要作物生产全程机械化，提高农机装备智能化水平。

农业农村部印发了《关于加快推进设施种植机械化发展的意见》，提出了要推进生产作业机械化，支持产学研推用协同攻关，突破精量播种、育苗嫁接、移栽和收获等环节技术装备短板。加快提升环境调控、植保作业的机械化水平，推广普及土地耕整、灌溉施肥技术装备。推动电动运输、水肥一体化设施以及多功能作业平台等与温室结构集成配套。推进设施装备智能化，重点突破设施种植装备专用传感器、自动作业、精准作业和智能运维管理等关键技术装备，研制嫁接、授粉、巡检、采收等农业机器人和全自动植物工厂，实现信息在线感知、精细生产管控、高效运维管理。

农业农村部办公厅印发了《乡村振兴科技支撑行动实施方案》，提出了要加强基础前沿技术研究，围绕农业大数据整合技术、农业纳米技术、农业人工智能技术、智能装备研制等创新能力带动作用强，研究基础和人才储备较好的战略性、前瞻性重大科学和前沿技术问题，强化以原始创新和系统布局为特点的大科学研究组织模式，部署基础研究重点方向，实现重大科学突破。

农业农村部、中央网络安全和信息化委员会办公室印发了《数字农业农村发展规划（2019—2025 年）》，提出要重点攻克高品质、高精度、高可靠、低功耗农业生产环境和动植物生理体征专用传感器，从根本上解决数字农业高通量信息获取难题。突破农业大数据融汇治理技术、农业信息智能分析决策技术、云服务技术、农业知识智能推送和智能回答等新型知识服务技术，构建动植物生长信息获取及生产调控机理模型。突破农机装备专用传感器、农机导航及自动作业、精准作业和农机智能运维管理等关键装备技术，推进农机农艺和信息技术等集成研究与系统示范，实现农机作业信息感知、定量决策、智能控制、精准投入、个性服务。研发农产品质量安全快速分析检测与冷链物流技术，推进品质裂变检测、农产品自动化分级包装线、智能温控系统等应用。

国家出台的一系列政策和战略规划为农业现代化发展和智能农机装备产业发展带来了更大的机遇，指明了智能农机装备产业发展方向和目标，农机装备产业逐步迈入高质量发展阶段。随着国家部署实施大量农业装备科技创新项目，中国农业机械化水平不论从机械装备数量上还是农机装备技术上都呈现稳步提高的趋势，中国已成为世界第一农机生产和使用大国。

从整体上来看，中国的农业机械化已经得到了长足发展，农业机械化产品呈现多元化发展趋势。中国农业机械数量和农机作业面积大幅提高，农机装备产业科技创新能力持续提升，主要经济作物薄弱环节"无机可用"问题基本解决。全国农机总动力超过10亿千瓦，其中灌排机械动力达到1.2亿千瓦，农机具配置结构进一步优化，农机作业条件加快改善，农机社会化服务领域加快拓展，农机使用效率进一步提升。全国农作物耕种收综合机械化率达到70%，小麦、水稻、玉米等主要粮食作物基本实现生产全程机械化，棉油糖、果菜茶等大宗经济作物全程机械化生产体系基本建立，设施农业、畜牧养殖、水产养殖和农产品初加工机械化取得明显进展。农机作业服务组织数量不断增加，中国农机作业服务组织达到18.7万个，其中农机合作社7万个，全年重要农时农机服务面积累计超过60亿亩[①]，促进了小农生产和现代农业发展有机衔接。

在推进智能农机装备发展的过程中要认真贯彻落实国家政策，完善部门协同、上下联动机制，统筹现有资源，合力推进农机装备产业高质量发展。要加快短板弱项攻关，持续推进农机装备创新发

---

① 1亩≈667米^2。

展，不断提升产业链供应链现代化水平，优化产业区域格局。要完善农机装备标准体系，稳步提升产品性能品质，推进智能农机发展和无人农业作业，强化智能农机与智慧农业、云农场建设的协同发展。

第三节　山东省技术进展

一、种业技术

山东种业创新发展旨在贯彻落实中央部署和省委要求，按照"信息共建共享，资源优势互补"的原则，加快推动种业企业生产经营、产品服务、销售资源等共享，建立各企业互通有无长效机制，互相支持、密切合作、抱团发展，共同推动山东省现代种业高质量发展。

尽管山东省种业科技取得显著的成绩，但在新时代实施乡村产业振兴战略和推进农业高质量发展的过程中，遇到了一系列新矛盾、新问题，突出表现在以下几个方面。

一是农业生物资源保护、研究利用没有体现公益性地位，发挥作用不够。公益性高层次人才队伍缺乏，相应人才机制还需完善。政府公益支持渠道不甚畅通，仍需科研经费给予支持。资源对种业科技创新的源头支撑力体现不足。

二是以科企合作为主导的全产业链创新体系后劲不足。创新机制存在不足，公益科研单位技术人才资源仍具有明显优势，但流动和紧密结合程度不够。企业应用研发平台建设取得重要进展，企业对"创新主体地位"理解稍有偏差，合理分工、紧密合作需要加强。

三是创新链存在问题。育种理论和方法没有新的重大突破，育种资源日趋狭窄现状没有取得明显改观，现代生物育种技术没有实现规模化应用，育成品种不能满足粮食安全、乡村产业振兴、提质增效、多元化兼顾，突破性重大品种缺乏。

四是山东省种业发展丘多峰少，现代种业强省建设需进一步加强。"育繁推一体化"现代种业企业数量，自主创新能力和国际竞争力较弱。

为深入实施国家创新驱动发展战略，持续加强新时代全省种业科技创新能力，必须进一步推动农业良种产业化开发工程建设，大幅提升现代种业创新能力和核心竞争力，对于从源头上保障食物安全、引领农业高质量发展、助力打造乡村振兴齐鲁样板，具有重要意义。

二、耕地质量提升技术

山东作为我国重要的农业省份，耕地面积 11 426.4 万亩，占全省土地总面积的 48.3%，其中水田面积 140.3 万亩、水浇地面积 7 736.6 万亩、旱地面积 3 549.5 万亩，包括高产田 4 445.37 万亩，耕地质量等级集中在 4 等到 12 等，高、中、低产田面积占耕地总面积比例分别为 39.0%、38.2% 和 22.8%。尽管目前研究集成了一批有机培肥、水肥调控、酸化治理等有针对性的土壤培肥改良技术模式，但仍然面临干旱缺水、土壤盐渍化、土壤沙化、耕层变浅、土壤酸化、设施蔬菜地退化、土壤重金属超标、土壤缺素等问题。

结合山东省耕地利用问题，我国耕地质量提升技术主要有以下进展：一是分区域、分类型的高标准农田建设技术体系的完善；二是针对性治本措施和广谱性治标措施相结合的中低产田提质增效技术体系；三是由我国自主研发适应不同水盐条件和土地利用目标的暗管治理盐碱耕地技术体系；四是耕地污染治理技术体系，其中，植物提取与资源化技术已处国际领先地位；五是以六层十性耕地资源质量分类指标体系为基础的耕地调查评价技术体系；六是实现了耕地数量质量信息的快速提取和评价的耕地监测预警技术体系。

山东省与当前先进技术相比，主要在盐碱地治理、农作物秸秆废弃物污染治理、土壤酸化治理、坡耕地水土流失治理、农田灌排设施建设等方面存在一定优势，在农田生态环境保护、土壤面源污染治理、土壤结构改善、土壤养分提高等方面还存在明显差距，全省耕地高效利用方面存在的"卡脖子"问题：一是中低产田面积较大、障碍因素较多；二是作物增产以作物结构调整为主，增产效益不高；三是农作物种植管理粗放，土壤养分不平衡加剧；四是盐碱化加剧土壤退化，亟须创新盐碱地开发利用新思路；五是设施菜地果园土壤退化明显，部分地区酸化加剧；六是局部地区水资源过度开发，节水灌溉技术滞后；七是农业信息化装备不全，生产过程要素需加强优化配置（图2-9）。

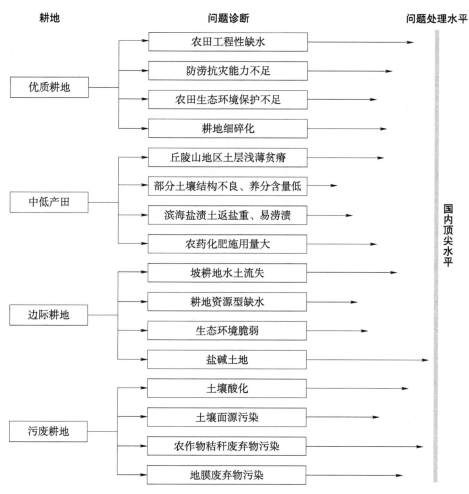

图 2-9 山东省耕地利用问题及其技术水平

三、智能农机装备技术

山东省作为农机装备制造业大省和应用大省，仍存在农业机械化和农机装备产业发展不平衡、不充分的问题。一是农机装备供给不足、门类不全和创新性不强，农机装备的可靠性、适用性和智能化水平有待进一步提升；二是农机装备水平不平衡，存在粮食作物高、经济作物低，种植业高、林牧渔业低，平原地区高、丘陵山区低的现状；三是农机农艺融合不够，品种选育、栽培制度、种养方式、产后加工与机械化生产的适应性有待加强；四是适宜机械化的基础条件建设滞后，农机装备存在"下地难""作业难"和"存放难"问题。围绕着目标要求、装备产业发展、机械化生产、组织保障4个方面出台一系列政策。

中共山东省委、山东省人民政府发布《关于全面推进乡村振兴加快农业农村现代化的实施意见》，提出了要强化现代农业科技和物质装备支撑，围绕基础和应用基础研究、技术研发、转移转化创新全链条需求，谋划布局建设现代农业山东省实验室，健全小麦、玉米、马铃薯、盐碱地综合利用、智能农机装备等技术创新中心；深入开展乡村振兴科技支撑行动，推动科技成果转移转化；加大现代农业产业技术体系创新团队建设力度；推动农机装备产业转型升级，推进主要畜禽、水产规模养殖机械化和设施种植机械化，制定新一轮农机购置补贴办法，加快"全程全面、高质高效"农业机械化。

山东省人民政府出台了《山东省乡村振兴促进条例》，提出了要加强农业应用基础研究、技术研发和推广应用，建设现代农业重点实验室，健全小麦、玉米、马铃薯和盐碱地综合利用、智能农机装备等技术创新中心。支持适合当地实际的农机装备研发生产和推广应用，提高主要农作物生产全程机械化水平以及设施农业、林果业、畜牧业、渔业和农产品初加工的装备水平，推动农机农艺融合、机械化信息化融合，促进农业机械化向全程全面、高质高效发展。

山东省人民政府出台了《关于加快全省智慧农业发展的意见》，

提出了围绕农业、林业、畜牧、渔业全产业链发展，以产业发展为基础，以数据应用为统领，以试验示范为支撑，实现数据互联互通、产业融合发展、服务高效便捷的智慧农业发展目标，加快涵盖农业、林业、畜牧、渔业的智慧农业大数据应用工程建设。

山东省人民政府出台了《山东省人民政府关于加快推进农业机械化和农机装备产业转型升级的实施意见》，提出了将坚持高标定位、协调发展、产业支撑、创新驱动、市场主导和政策引领作为主要原则。加速推进农机装备产业转型升级、着力构建现代农业机械化生产体系、积极发展农机社会化服务、改善农机作业基础条件、加强农机人才队伍建设、强化组织领导等智能农机装备产业发展。

山东省人民政府、农业农村部印发了《共同推进现代农业强省建设方案（2021—2025 年）》，提出了要提升科技装备条件强支撑，深入实施农业科技支撑乡村振兴行动，布局建设现代农业山东省实验室，健全小麦、玉米、马铃薯、智能农机装备等技术创新中心；加强大中型、智能化、复合型农业机械研发推广，巩固提升粮食生产全程机械化，逐步补上经济作物机械化发展短板，加快提高林果、设施种植、畜禽水产规模养殖、农产品初加工等机械化水平；加强数字技术与装备集成应用，推动农业生产经营管理数字化改造，建设农业农村遥感应用中心、现代农业产业园信息管理系统、粮食生产功能区和重要农产品生产保护区动态监管平台，建成一批智慧农业典型应用场景。

山东省农业农村厅出台了《关于加快推进设施种植机械化发展的指导意见》，提出了"两全两高"（全面全程、高质高效）农机化和设施种植"两融两适"（农机农艺融合、机械化信息化融合，农机服务模式与农业适度规模经营相适应、机械化生产与农田建设相适应）建设。

山东省作为农业大省，也是农机装备大省，"十三五"以来在农机装备产业发展上取得了显著成效。农业机械化和农机装备已成为助力乡村振兴和农业农村现代化的重要力量，农业机械化和农机装备的发展政策越来越好，农机装备结构持续优化，农机装备作业水平不断提高，农机服务主体发展壮大。"十三五"期间，山东省落实农机购置补贴资金 77.17 亿元，补贴农机 73.8 万台套，受益农户 63 万户；报废老旧机具 3.8 万台，受益农户 3.46 万户；利用 8.54 亿元补贴资金，完成深松作业面积 6 500 余万亩，增强了粮食生产能力，确保了粮食安全；完善了"两全两高"农机化发展工作格局，积极申报创建全国主要农作物全程机械化示范县，总量达 67 个，占全国示范县数量的 14.8%，居全国第一位，青岛创建为全程机械化示范市。开展了全省"两全两高"农机化示范县评价认定工作，已评价认定 37 个"两全两高"农机化示范县。全省农作物耕种收综合机械化率达到 87.85%，小麦、玉米两大粮食作物耕种收综合机械化率分别达到 99.6% 和 96.5%，花生、马铃薯耕种收综合机械化率分别达到 88.3% 和 78.3%。农机作业服务由传统种植业向林果业、畜牧业、渔业、农产品初加工业、设施农业等领域拓展，机械化率分别达到 33.8%、44.1%、32.9%、36.1%、37.3%。

山东省智能农机产业发展应围绕《中国制造 2025》《乡村振兴战略》、"一带一路"倡议和科技创新驱动等国家战略和山东省关于加快新旧动能转换、推进"两全两高"农机化发展等相关规划意见，按照"关键核心技术自主化，主导装备产品智能化，薄弱环节机械化"的发展思路，围绕"智能、高效、环保"等要求，重点推动数字化、信息化、智能化等前沿技术与农机装备制造技术深度融合，着力填空白、补弱项、提质量，重点攻克关键核心技术，促进农机农艺有机融合，推动农机工业新技术、新工艺的应用和变革，扶持高端产业链，培植全产业链能力。

第四节 智能农机装备产业进展

一、农机产业情况

1. 全国农机产业情况

从农业机械总动力、大中型拖拉机数量、小型拖拉机数量和配套农具数量以及农业总产值 5 个方面，对全国近 10 年的相关数据统计。截至 2020 年，全国农业机械总动力 10.5×10^8 千瓦，相较于 2011 年的 9.8×10^8 千瓦提高了 7.14%；大中型拖拉机数量为 4.8×10^6 台，相较于 2011 年的 4.4×10^6 台提高了 9.09%；小型拖拉机数量为 1.7×10^7 台，相较于 2011 年的 1.8×10^7 台降低了 5.56%；配套农具数量为 4.6×10^6 台，相较于 2011 年的 7.0×10^6 台降低了 34.29%；农业总产值为 7.2×10^4 亿元，相较于 2011 年的 4.0×10^4 亿元提高了 80%；农业生产指数（上年为 100）逐年递增（图 2-10）。

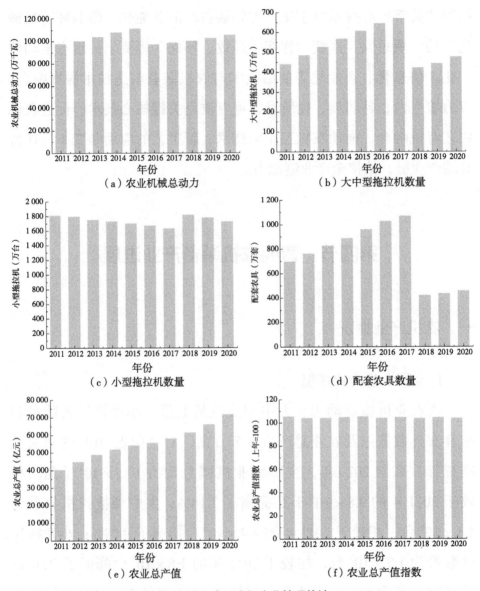

图 2-10 全国农机产业情况统计

2. 山东省农机产业情况

为分析山东省农机产业发展情况，从农业机械总动力、大中型拖拉机数量、小型拖拉机数量和配套农具数量以及农业总产值 5 个方面，统计了山东省近 10 年的相关数据。截至 2020 年，山东省农业机械总动力 1.1×10^8 千瓦，相较于 2011 年的 1.2×10^8 千瓦降低了 8.33%；大中型拖拉机数量为 5.0×10^5 台，相较于 2011 年的 4.5×10^5 台提高了 11.11%；小型拖拉机数量为 1.9×10^6 台，相较于 2011 年的 2.0×10^6 台降低了 5%；配套农具数量为 5.9×10^5 台，相较于 2011 年的 9.5×10^5 台降低了 37.89%；农业总产值为 5.2×10^3 亿元，相较于 2011 年的 3.8×10^3 亿元提高了 36.84%；农业生产指数（上年为 100）逐年递增（图 2-11）。

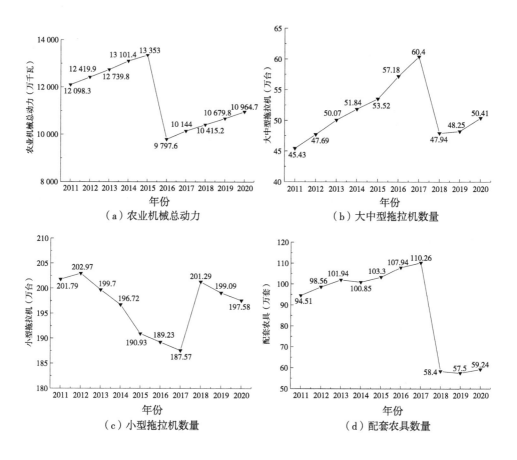

（a）农业机械总动力

（b）大中型拖拉机数量

（c）小型拖拉机数量

（d）配套农具数量

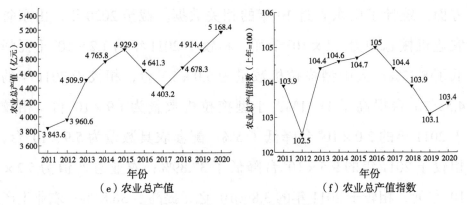

图 2-11　山东省农机产业情况统计

二、相关企业情况

1. 企业组成

农业机械装备的可持续发展是我国农业现代化建设的重点之一，直接关系我国农业现代化、数字化、智能化的发展进程。随着现代科学技术应用，数字化和智能化已逐渐成为农业领域一种新趋势。智能农机装备的发展需要其他行业（智能农机装备企业、物联网企业、传感器企业、大数据企业、车辆底盘企业、工程机械企业、汽车企业、电动汽车企业、电池企业等）的支持和协作。相关产业的发展可为智能农机装备产业的发展提供技术支持。

2. 企业发展

（1）智能农机装备企业

我国目前共有智能农机制造企业 31 166 家，其中注册资本在 0～100 万元的有 6 054 家、注册资本在 100 万～200 万元的有 7 007 家、注册资本在 200 万～500 万元的有 5 685 家、注册资本在 500 万～1 000 万元的有 5 483 家、注册资本大于 1 000 万元的有 6 937 家。山东省共有智能农机装备企业 5 009 家，其中注册资本在 0～100 万元的有 924 家、注册资本在 100 万～200 万的有 940 家、注册资本在 200 万～500 万元的有 1 348 家、注册资本在 500 万～1 000 万元的有 822 家、注册资本大于 1 000 万元的有 975 家（图 2-12）。

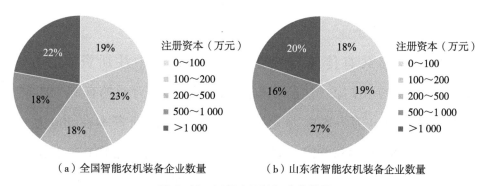

（a）全国智能农机装备企业数量　　（b）山东省智能农机装备企业数量

图 2-12　智能农机装备企业数量

（2）物联网企业

我国目前共有物联网企业 3 702 家，其中注册资本在 0～100 万元的有 426 家、注册资本在 100 万～200 万元的有 766 家、注册资本在 200 万～500 万元的有 615 家、注册资本在 500 万～1 000 万元的有 703 家、注册资本＞1 000 万元的有 1 192 家。山东省共有物联网企业 386 家，其中注册资本在 0～100 万元的有 37 家、注册资本在 100 万～200 万元的有 48 家、注册资本在 200 万～500 万元的有 102 家、注册资本在 500 万～1 000 万元的有 66 家、注册资本＞1 000 万元的有 133 家（图 2-13）。

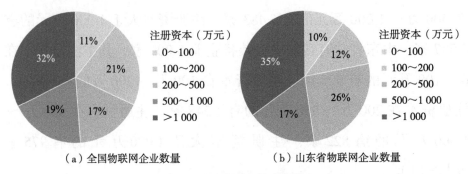

（a）全国物联网企业数量　　　　　（b）山东省物联网企业数量

图 2-13　物联网企业数量

（3）传感器企业

我国目前共有传感器企业 69 035 家，其中注册资本在 0～100 万元的有 9 107 家、注册资本在 100 万～200 万元的有 11 603 家、注册资本在 200 万～500 万元的有 8 311 家、注册资本在 500 万～1 000 万元的有 10 909 家、注册资本>1 000 万元的有 29 105 家。山东省共有传感器企业 3 775 家，其中注册资本在 0～100 万元的有 420 家、注册资本在 100 万～200 万元的有 459 家、注册资本在 200 万～500 万元的有 574 家、注册资本在 500 万～1 000 万元的有 582 家、注册资本>1 000 万元的有 1 740 家。

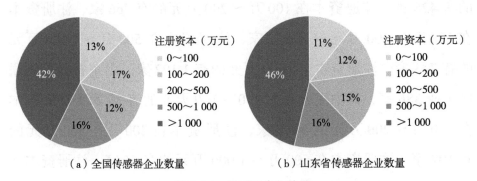

（a）全国传感器企业数量　　　　　（b）山东省传感器企业数量

图 2-14　传感器企业数量

（4）大数据企业

我国目前共有大数据企业 940 家，其中注册资本在 0～100 万元的有 101 家、注册资本在 100 万～200 万元的有 180 家、注册资本在 200 万～500 万元的有 141 家、注册资本在 500 万～1 000 万元的有 163 家、注册资本＞1 000 万元的有 355 家。山东省共有大数据企业 50 家，其中注册资本在 0～100 万元的有 6 家、注册资本在 100 万～200 万元的有 8 家、注册资本在 200 万～500 万元的有 11 家、注册资本在 500 万～1 000 万元的有 7 家、注册资本＞1 000 万元的有 18 家（图 2-15）。

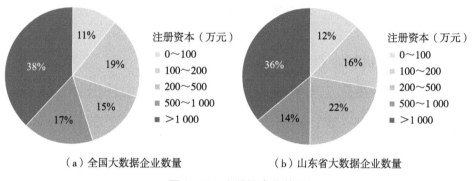

（a）全国大数据企业数量　　　　　（b）山东省大数据企业数量

图 2-15　大数据企业数量

（5）汽车底盘企业

我国目前共有汽车底盘企业 12 806 家，其中注册资本在 0～100 万元的有 3 032 家、注册资本在 100 万～200 万元的有 1 191 家、注册资本在 200 万～500 万元的有 1 147 家、注册资本在 500 万～1 000 万元的有 1 492 家、注册资本＞1 000 万元的有 5 944 家。山东省共有汽车底盘企业 743 家，其中注册资本在 0～100 万元的有 36 家、注册资本在100万～200万元的有12家、注册资本在200万～500万元的有34家、注册资本在500万～1000万元的有52家、注册资本＞1000万元的有609家（图2-16）。

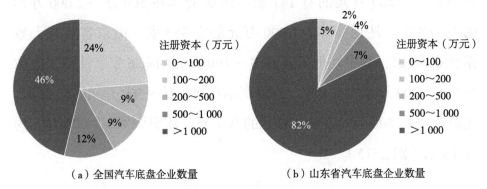

（a）全国汽车底盘企业数量　　　（b）山东省汽车底盘企业数量

图2-16　汽车底盘企业数量

（6）工程机械企业

我国目前共有工程机械企业50 134家，其中注册资本在0～100万元的有8 994家、注册资本在100万～200万元的有9 944家、注册资本在200万～500万元的有10 670家、注册资本在500万～1 000万元的有9 874家、注册资本＞1 000万元的有10 652家。山东省共有工程机械企业6 349家，其中注册资本在0～100万元的有1 125家、注册资本在100万～200万元的有1 191家、注册资本在200万～500万元的有1 574家、注册资本在500万～1 000万元的有1 170家、注册资本＞1 000万元的有1 289家（图2-17）。

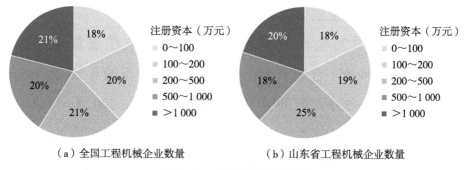

（a）全国工程机械企业数量　　　　　（b）山东省工程机械企业数量

图 2-17　工程机械企业数量

（7）汽车企业

我国目前共有汽车企业 9 351 家，其中注册资本在 0～100 万元的有 2 152 家、注册资本在 100 万～200 万元的有 1 852 家、注册资本在 200 万～500 万元的有 1 532 家、注册资本在 500 万～1 000 万元的有 1 568 家、注册资本>1 000 万元的有 2 247 家。山东省共有汽车企业 1 619 家，其中注册资本在 0～100 万元的有 118 家、注册资本在 100 万～200 万元的有 140 家、注册资本在 200 万～500 万元的有 1 147 家、注册资本在 500 万～1 000 万元的有 67 家、注册资本>1 000 万元的有 147 家（图 2-18）。

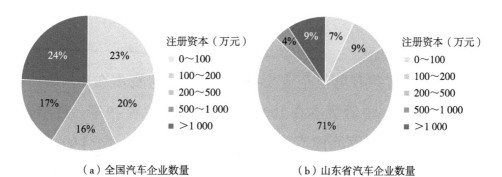

（a）全国汽车企业数量　　　　　（b）山东省汽车企业数量

图 2-18　汽车企业数量

（8）电动汽车企业

我国目前共有电动汽车企业112家，其中注册资本在0～100万元的有14家、注册资本在100万～200万元的有20家、注册资本在200万～500万元的有19家、注册资本在500万～1000万元的有14家、注册资本＞1000万元的有45家。山东省共有电动汽车企业3家，其中注册资本在0～100万元的有0家、注册资本在100万～200万元的有1家、注册资本在200万～500万元的有0家、注册资本在500万～1000万元的有0家、注册资本＞1000万元的有2家（图2-19）。

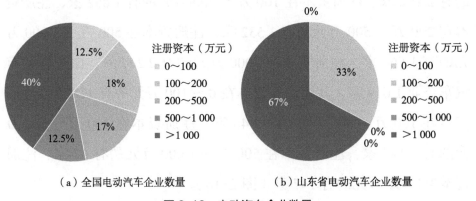

（a）全国电动汽车企业数量　　　（b）山东省电动汽车企业数量

图2-19　电动汽车企业数量

（9）电池企业

我国目前共有电池企业284家，其中注册资本在0～100万元的有53家、注册资本在100万～200万元的有49家、注册资本在200万～500万元的有44家、注册资本在500万～1000万元的有49家、注册资本＞1000万元的有89家。山东省共有电池企业25家，其中注册资本在0～100万元的有6家、注册资本在100万～

200 万元的有 4 家、注册资本在 200 万～500 万元的有 5 家、注册资本在 500 万～1 000 万元的有 1 家、注册资本＞1 000 万元的有9 家（图 2-20）。

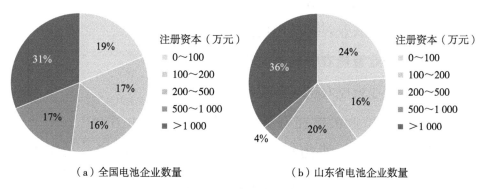

（a）全国电池企业数量　　　　（b）山东省电池企业数量

图 2-20　电池企业数量

三、产业进展现状

1. 山东省农机产业现状

山东省是全国农机工业和农业机械化大省，农机工业产值占全国的近 1/4。在乡村振兴战略和农机技术装备产业转型的背景下，"十三五"以来山东省农机化发展取得了显著成效，新增农机装备种类品目 30 多个，产品类型 100 多种，基本实现农机装备总量与总值双增长。全省农作物耕种收综合机械化率达到 87.85%，高出全国平均水平近 17%，小麦、玉米两大粮食作物耕种收综合机械化率分别达到 99.6% 和 96.5%，花生、马铃薯耕种收综合机械化率分别达到 88.3% 和 78.3%。农机作业服务由传统种植业向林果业、畜牧业、渔业、农产品初加工业、设施农业等领域拓展，机械化率分别达到33.8%、44.1%、32.9%、36.1%、37.3%。全省农机作业服务组织达到2.17万个，其中农机合作社8 733个。山东省整建制基本实现主要农作物生产全程机械化，力争率先建成"两全两高"农业机械化示范省，为加快农业农村现代化提供机械化保障。

2. 不同产业智能农机装备现状

（1）种植业智能农机装备现状

山东省种植业机械拥有量包括拖拉机248.00万台（22.1千瓦以上的大中型拖拉机50.41万台）、机引犁137.98万台、旋耕机36.69万台、免耕播种机18.18万台、精量播种机36.59万台、农用水泵295.59万台、节水灌溉类机械54.37万台、谷物联合收割机33.05万台、玉米联合收割机13.95万台、秸秆粉碎还田机14.70万台、机动脱粒机40.19万台。

（2）林业智能农机装备现状

山东省林业装备领域主要包括造林、林木培育、森林资源的利用与和这些相关的加工作业机械以及运输机械等，提升了造林机械化水平，并提高了造林项目的效率以及扩大了造林面积，开发了林业物质方面的能源。

（3）畜牧业智能农机装备现状

山东省现有畜牧装备生产企业200多家，其中规模以上生产企业20余家，畜牧装备业总产值100多亿元，在企业数量和总产值方面均居全国首位。截至2020年，山东省畜牧机械拥有量27.40万台，产品门类齐全覆盖面广，畜牧装备产品覆盖鸡、鸭、猪、牛、羊、兔等主要畜种的养殖全程。

（4）渔业智能农机装备现状

山东省在水产机械方面拥有量 16.97 万台，山东省在海洋牧场方面建设面积 7.7 万公顷，投放人工鱼礁近 1 700 万空立方米，增殖放流各类海洋水产苗种 630 多亿单位，布设海底观测站 24 套，固定式、浮动式各类平台 44 座，3 000 吨级别的"鲁岚渔养 61699"大型养殖工船 1 艘，"深蓝 1 号""蓝鲸 1 号"等大型深水智能网箱 4 座。2018 年全省海洋牧场综合经济收入达 2 400 亿元，同比增长 14.3%。

3.区域特色种养殖智能农机装备现状

山东省位于中国东部沿海、黄河下游，地理位置优越，自然资源丰富。可分为半岛丘陵区、鲁北平原区、鲁中和鲁南丘陵山地地区，根据得天独厚的资源优势和产品优势，各地因地制宜发展区域特色农业已成为山东省农业生产趋势，近年来实现了农业生产机械化使用率的跨越式发展。

从 2000 年全省平均 48.6% 的使用率提高到 2020 年的 87.85%，高出全国平均水平近 17%，全省农机总动力达到 1.04 亿千瓦，占全国的 1/10。山东省农业机械化过程中，对保护性耕地技术和农业机械的开发推广较为重视，并结合山东省农业种植特点和土壤结构研发了一系列的农业耕作土地保护机械。目前，全省已有超过 90% 的农业县开始推广使用保护性的农业耕作机械，在全国农业发展中起到了良好的模范带头作用。

从地区看，经济作物机械化虽有发展，但整体应用水平依然较低。主要经济作物中除了水稻、谷子、马铃薯等作物种收机械化取得了一定突破外，其他作物种收环节机械化水平普遍较低，主体机具数量少，装备落后。花生、大蒜、山药、牡丹、芦笋等经济作物耕种收综合机械化率为61%，与粮食作物相比，经济作物机械化程度较低。设施机械化面积和环境调控机械化较低。林果业、畜牧业等机械化取得较大突破。

从山东省主要作物上看，玉米机播率、机收率分别达到95.2%、95.5%，小麦机播率、机收率为99%。花生是山东省种植的主要油料作物，花生机械化水平达到90%，现有花生生产机械耕整地和田间管理多采用通用机，基本满足机械化作业要求，但播种设备精度低，智能化程度不高。山东省是马铃薯生产大省，近年来已经有80%的种植户实现了马铃薯收获全程机械化作业，收获损失率可控制在2%以下。

四、产业进展对比

在智能农机装备研发上，近年来我国已取得了不少进展。中国农业大学设计了前旋耕后施肥播种的小麦宽苗带精量播种施肥机，改善了播种均匀性差和开沟阻力大的问题，开发了无排种管式宽苗带小麦播种机，由双旋耕、镇压、播种、施肥、覆土、再镇压、开沟等部件组成，提高了小麦播种精度。海南大学研制出自走式鲜食玉米对行收获机，采用斜辊对鲜食玉米进行自上而下的掰穗，降低了摘穗时机器对鲜食玉米果穗作用力，从而达到降低果穗破损率的效果。甘肃农业大学研制了全膜双垄沟播玉米穗茎兼收对行联合收获机，该机采用对行式收割割台、立式摘穗辊装置，割台下方中间位置输送玉米果穗，立式摘辊后方设置茎秆切碎装置，机身侧面输送经切碎后的玉米茎秆，实现了旱区玉米全膜双垄沟播种植的对行收割以及穗茎兼收，降低了籽粒损失。雷沃公司研制的玉米穗茎收获机，可一次完成玉米果穗摘取、输送、剥皮、茎秆切割等功能，具有果穗损伤率低、茎秆喂入均匀、切碎质量好、功率消耗小等特点。

截至 2020 年，山东农机装备制造产品已经涵盖全部七大门类，品种多达 3 500 余个，山东农机装备产值、农机总动力分别约占全国 1/4 和 1/10，山东省农作物耕种收综合机械化率达到 87.85%，林果业、畜牧业、渔业、农产品初加工业、设施农业等领域拓展，机械化率分别达到 33.8%、44.1%、32.9%、36.1%、37.3%。从整体看，山东省农机蓬勃发展，不断迈上新台阶。但同时呈现出农业生产环节之间机械化发展不平衡的问题：耕种收环节机械化水平高，种子生产加工、高效植保、收获后处理等环节机械化水平低；农机装备有效供给发展不充分：存在产品品质不高、品种不全、高端产品还主要以进口为主等问题，大蒜、生姜、苹果、葡萄等特色农作物生产装备发展还有许多空白。自动化、智能化高端农机装备与国内国外发达国家和地区相比差距很大，存在整体研发能力较弱、核心技术有待突破、关键零部件依靠进口、基础材料和配套机具质量不过关等问题。

与发达国家相比，山东省农机产业在竞争力、研发能力、制造装备水平等方面尚有较大差距，主要有以下几点。

一是应用基础研究薄弱、关键核心技术创新不足。据统计，目前 80% 以上的主要农机技术来源于国外，重大装备关键核心技术对国外技术的依存度更是高达 90% 以上。

二是产业结构性矛盾相对突出。其中90%以上国产农业装备仍为中低端产品，80%左右农业装备仍为大田生产装备，部分特色经济作物生产机械、设施农业装备、养殖和加工装备仍处于空白状态，80%的高端产品主要依赖进口，中低端产品同质竞争、产能过剩。

三是农机装备质量较差。农机产品可靠性指标仅为国外的50%左右，作业效率、水肥药利用率等仅为国外的70%左右，能耗水平高于国外先进水平的30%以上，生产过程损失率高于国外先进水平的20%左右。

四是薄弱环节、薄弱区域、薄弱作物农机化水平低。林业生产机械化水平不到40%，畜牧业、渔业、农产品初加工、果蔬茶桑、设施农业以及丘陵山区农业生产机械化水平不到30%，产后商品化处理率仅为30%左右。

五是农机和农艺融合不够。品种选育、栽培制度、种养方式、产后加工与机械化生产的适应性有待加强，适宜机械化的基础条件设施建设滞后。

因此，针对不同农业生产过程的机械化水平现状，按照机械化、自动化、智能化依次递进原则发展智能农机装备。对于目前农机生产装备仍是空白或者机械化水平低的农业生产领域优先实现机械化，对于机械化程度高和实现全程机械化的农业生产领域进行全产业链机械化和自动化农机装备的研发，对于发展成熟的农机装备领域积极开展基于信息化技术的智能农机装备的研发。特别是要围绕现代农业生产精细化、自动化、智能化发展需求，开展精准农业信息获取与智能决策、农业装备物联网技术研究，有效提升农业装备及其制造智能化水平。分别从设施农业智能农机装备、果园机械智能化装备、大田智能化装备以及电动智能农机 4 个方面进行后续的研究，实现农业生产过程的全程智能化，部分技术达到国内领先水平，在果园喷药、套袋、收获等装备研究方面，部分技术达到国际先进水平。

第三章

现代农业科技创新任务探究

第一节　总体方向把控

一、现代种业技术

充分认识种源安全关系国家安全，必须下决心把我国种业搞上去，实现种业科技自立自强、种源自主可控的紧迫性和重要性。发挥我国制度优势，科学调配优势资源，推进种业领域国家重大创新平台建设。加强基础性前沿性研究，加强种质资源收集、保护和开发利用。破解重大育种科学难题、突破育种关键核心技术、创制突破性种质资源、培育重大战略性新品种，尊重科学、严格监管，有序推进生物育种产业化应用，抢占国际生物育种制高点，引领种业创新与发展。加强育种领域知识产权保护，促进育繁推一体化发展，形成种质资源利用、基因挖掘、品种研发、产品开发、产业化应用的全链条组织体系（图3-1）。

山东种业技术创新，亟须在种质资源发现和保护、种源关键核心技术攻关、优势种业企业大力发展、种业基地建设加强、种业市场净化、政府扶持资金的稳定长期投入，强化服务创新，推进产业不断升级。

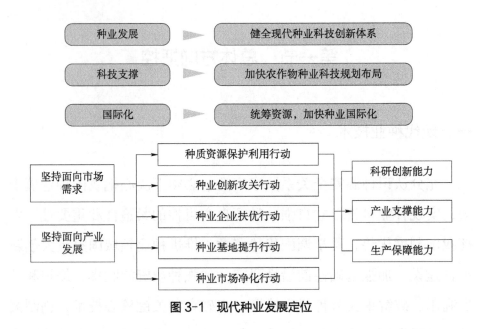

图 3-1　现代种业发展定位

二、耕地质量提升技术

面向国家重大战略需求，建立"问题导向、需求导向、目标导向、贡献导向"的资源配置方案，开展耕地保护与质量提升技术创新。聚焦山东省优质耕地高效利用、中低产田障碍消解、边际耕地精细利用、污废耕地修复治理等领域关键技术研发与应用，加强耕地系统与耕地健康基础理论研究，重点突破高产田土壤健康保育、低产田土壤培肥和改良、退化土壤修复等耕地质量保护和利用的理论、方法与技术及产品，构建生态良田建设工程、土壤障碍消解、耕地精细利用、耕地修复治理、智能监测预警等技术体系，加强技术模式集成与示范推广，加快补强耕地保护利用的短板和薄弱环节，确保耕地质量稳定提升，保障国家粮食安全。

三、智能农机装备技术

随着新一代人工智能、大数据、物联网、5G、生物技术渗透融合，农业装备将呈现智能化、网联化、绿色化的技术创新新特点、新趋势，要加快推进跨领域、跨行业协同创新。面对农业装备产业转型升级新需求、国际产业竞争新焦点，农业装备要提升产业链现代化水平，增强基础、拓展领域、增加品种、完善功能、提升水平，系统谋划、战略性和持续性部署智能农机装备重大科技创新，推动"卡脖子"关键核心技术攻关，发展新一代智能农业装备，实现自主可控发展。

1. 加强应用基础和战略前沿技术研究

围绕智能装备、智能制造、智能生产、智慧服务等趋势及需求，持续加强动植物个体精细调控、工况结构化环境构建、农机自主作业系统、农机装备协同作业、农业机器人等应用基础和前沿技术研究，不断提升行业基础研究、应用基础研究、战略前沿技术引领的能力和水平。

2. 加强重大装备及关键核心技术研发

研发粮食及经济作物耕、种、管、收等智能作业装备以及智能农业机器人技术装备，种苗高效繁育、土壤提质与农田改造、智能农业动力等装备，畜禽、水产等智能养殖及草原畜牧装备与设施，农林产品、畜禽产品、水产品等贮、运、加工产地处理智能装备与设施等，形成新一代智能农业装备技术、产品、服务体系。

3. 加强装备断点短板研发和示范

开展丘陵山区作业装备、设施农业装备、干燥与贮藏机械化装备、养殖机械化装备、农业农村废弃物处理与综合利用机械化装备等薄弱环节装备研发。开展激光平地、精量播种、精准施药、高效施肥、水肥一体化、节水灌溉、高效低损收获等绿色高效机械装备精准应用示范，形成适合于不同规模的种、养、加工生产信息化、智能化解决方案，推进全程全面机械化发展，引领农业智能化生产。

4. 推进构建智能农业装备创新体系

进一步深化产学研合作，支持企业、高校、科研院所依托现有国家级省级平台，强化研发设计、科技服务、检验检测、信息服务等科技基础服务能力。一是基于农业生产全产业链过程中对智能农机装备的不同要求的装备集成创新。二是充分发挥农机农艺结合优势作用的结构原始创新。三是通过引进、消化、吸收国内外先进技术和装备的技术改进创新。

第二节 主要目标设立

一、现代种业技术

围绕全力发展现代种业，以市场为导向、企业为主体、政策为依托，集聚科技、资金、人才等种业优势资源和要素，不断出金牌品种、出品牌企业、出创新机制，把种业产业做大做强。进一步改革种业管理体制，构建现代种业体系，推进特色种业创新发展，加强现代种业基础设施建设和生物育种技术攻关，加大知识产权保护力度，提高山东省种业企业竞争力（图 3-2）。

图 3-2 现代种业技术创新目标

1. 粮种安全保障

稳住生产能力，筑牢"基本盘"。尽管当前我国农业用种安全有保障，自主选育的品种种植面积占到 95% 以上，做到了"中国粮主要用中国种"，但在种源关键核心技术攻关上，仍然面临一些难题痛点。源自国外的优质作物品种与国内现有资源具有较强的互补性，通过穿梭育种项目将国外优良种子资源引入国内，不断协同国内国外创新资源，推进种质资源整合和自主科技创新攻关，从根本上解决我国种质资源遗传背景狭窄、品种同质化、遗传增益下降等种源问题，努力实现种源自主可控，保障我国粮食安全。

经过 3～5 年努力，聚集形成国家高层次专家、省级专家结构合理的创新人才培养与团队，建成决策咨询、高层次专家提供指导支持，产业链种业创新团队 20 个以上，在优势特色领域建成 5 个国内领先、5 个国内先进的国家级种业科技创新平台；聚焦国家粮食安全、农业强省建设和乡村产业振兴科技需求，构建育种创新支撑、试验示范带动、生产应用引领全产业链，围绕创新链布局产业链，以精准化、智能化、工程化、现代化为导向，以育种创新为主导，在育种资源、育种技术、品种选育、配套示范、加工利用等环节加强创新与技术集成，建成全国科技最具创新力、品牌最具影响力、产业最具竞争力的种业科技创新排头兵，推进山东省种业科技创新升级。

2. 智慧高效利用

种业作为推进现代农业发展的重要突破口，紧紧围绕种业强省和乡村振兴的战略需求，合理科学地进行农作物种业科技创新定位。聚焦种业领域重大战略性产品和产业化目标，发挥"集中力量办大事"的体制优势，强化种业科技源头创新，攻克全产业链核心技术瓶颈，培育重大突破性新品种，积极开展产业规划布局，集聚政策资源要素，扩大辐射带动效应，加快推进种子生产标准化、加工现代化、经营规模化、育繁推一体化的步伐，注重创新机制、激发内在活力，着重解决好科研和产业脱节的问题，统一创新与需求，着力推动现代种业创新发展。

3. 特优绿色健康

坚持以建设种业强省为目标，深化种业体制机制改革，突出抓重点、补短板、强弱项，强化科技创新、制度创新、政策创新、工作创新，优化种业发展环境，统筹推进农作物和畜禽种业发展，提升种业自主创新力、持续发展力和国际竞争力，保障国家粮食安全和主要农畜产品有效供给，为全面推进乡村产业振兴、推进农业农村现代化提供有力支撑。

重点在加强种质资源保护、加快推进良种重大科研联合攻关、加强品种管理和植物新品种保护、加强推进种业基地建设、强化种业市场监管方式创新、加强种业管理体系建设等方面下大力气、出真实效。农业农村部已确定，保持小麦等品种的竞争优势，缩小玉米、大豆、生猪、奶牛等品种和国际先进水平的差距。国务院发展研究中心农村经济研究部专家预测，未来对口粮的品质需求将持续提高、对饲料粮的数量需求将持续增加，面对我国人多地少的现实和复杂的国际环境，避免关键领域"一剑封喉"，必须从良种方面挖掘潜力，加快种业自立自强，保障粮食和食物安全。

二、耕地质量提升技术

在基础理论研究方面，聚焦于创建"保、育、用"互作与协同的重大基础理论。在关键技术方面，着力攻克耕地退化阻控、地力培育和作物持续丰产高效的农艺配套的关键核心技术，建立"天—空—地"一体的耕地利用与保护体系，持续创新耕地保护性利用的集成技术体系，实现山东省"丰产、稳产、高效、生态"的农业生产新局面，切实保障国家粮食安全和生态安全。在土壤培肥与改良上，实现土壤退化得到有效遏制，酸化土壤 pH 值提高 0.3～0.5 个单位，含盐量降低 0.1～0.2 个百分点，有机质含量提高 15%～20%，耕地质量等级提升 0.5～1 个等级。在粮食生产与经济效益上，实现粮食稳产稳收，退化耕地面积减少 10% 以上，粮食产能提高 5% 以上，经济效益提高 5%～10%。在农业资源综合利用上，秸秆还田和肥料化、饲料化、基料化等利用技术模式得到推广，秸秆综合利用率达到 90% 以上、资源化利用比率达到 80% 以上。在监测与评价上，建立完善的耕地质量和健康评价体系，推广应用智慧农业监测与预警系统（图 3-3）。

图 3-3　耕地质量提升技术创新目标

1. 产能安全保障

以中低产田为主，解析耕地土壤主要障碍因子的作用机制，研制土壤障碍消减技术体系，提高土壤水稳性团聚体数量、土壤持水性和脱盐率，改善作物根区生长发育土壤微环境；研制能有效阻酸、控盐恢复土壤生态功能的土壤调理剂产品，突破退化耕地土壤质量提升的关键共性技术与设施创新；推动退化土壤治理核心技术集成发展，构建中低产田障碍消解技术体系，建立先进适用的区域技术模式。

2. 智慧高效利用

建立健全山东省耕地质量智能监测体系，利用遥感、物联网、云计算、大数据等前沿科学技术，系统监测获取山东省耕地整体质量状况，以高标准农田建设及边际耕地利用为重点，创新两类耕地建设工程技术，针对形成优质耕地高效利用技术体系、边际耕地精细利用技术体系和智能监测预警技术体系。

3. 绿色健康保育

重点治理山东省种植废弃物秸秆、地膜等污染问题，研究种植废弃物协同处理与多途径资源化综合利用技术、装备和模式；研制高强度地膜、地膜资源化利用等重要产品和技术；构建种植废弃物就地减量、就地处理、就地消纳的综合利用技术模式体系；形成污废耕地修复技术体系，提高畜禽粪便综合利用率、主要农作物秸秆还田率、水分、化肥利用率，实现化肥用量零增长。

三、智能农机装备技术

加强以智能化技术为先导的农机技术与的装备研发制造，既是农机装备产业发展的现实要求，也是农业现代化发展的客观需要。针对当前山东省智能农机装备产业发展存在区域差异明显且发展不平衡的问题，以提高农机装备智能化水平、实现农机装备模块化发展、促进乡村振兴战略实施、推进农村一二三产业融合发展、加快工业化发展进程、达到国内领先国际先进为总体目标，进行智能农机装备产业技术创新，实现农业机械作业的精确化与高效益。

1. 提高农机装备智能化水平

针对山东省区域特色农业生产优势明显、区域发展不均衡的农业发展现状，基于农林牧渔等农业生产方式，通过分析农机装备的国内外发展水平，加速机械化、自动化和智能化 3 个阶段的迭代。不断提升大田种植、设施农业、林木培育和种植、畜禽饲养、水产养殖等农机装备的机械化、自动化和智能化水平，最终使智能农机装备产业水平达到国内领先、国际先进。

2. 带动相关产业发展

一是通过创新研发，获取知识产权方面得到更大的效益，在产品数量和质量、产品品牌、经济效益等方面获得更大的收益，产业上大幅度提升经济收益。二是实现农机装备模块化发展。通过优化零部件数量、降低生产成本、缩短上市时间以及实现资源的优化配置，将研发、制造和测试划分为不同的模块，以提高产品品质和质量，加强相互合作。三是通过政策和战略规划的全方位实施，推进关键技术与装备研发，全面提升了全省智能农机装备产业水平。四是充分调动市场力量，推动协同创新，研制推广实用高效的智能农机装备，推动农业提质增效。五是确保全省农机装备呈现出高性能、高质量和多样化的发展趋势，构建农村一二三产业交叉融合的现代产业体系，加快推进农村产业融合发展。六是基于智能农机装备产业发展对科技含量高、经济效益好、资源消耗低、环境污染少等的要求，促进工业化发展进程，成为新型工业化道路的基本标志和落脚点，全力推动新型工业化、信息化、城镇化、农业现代化同步发展，在实现全省经济实现更高质量、更有效率、更加公平、更可持续发展的同时加快新型工业化发展进程。

第三节　重点任务研究

一、现代种业技术

1. 加强种质资源开发利用

"种业是现代农业发展的'生命线'。"国务院办公厅提出，加强农业种质资源保护开发利用，对育种基础性研究以及重点育种项目给予长期稳定支持。加快实施种质资源普查收集，做好国家级作物种质库圃资源收集引进、农艺性状鉴定、生活力监测、繁殖更新、入库保存与分发利用。加强种质资源保护宣传，加快修订《农作物种质资源管理办法》，建立可供利用种质资源目录公布机制；启动种质资源库（圃、场、区）认证挂牌工作，推动种质资源科研人员和成果分类考核评价改革，探索设立资源专家岗位。指导作物种质资源库圃、畜禽保种场（区、库）及良种繁育体系规范化建设，打造具有国际先进水平的种质资源保护利用体系，推动省级资源库圃、场、区）建设（图3-4）。

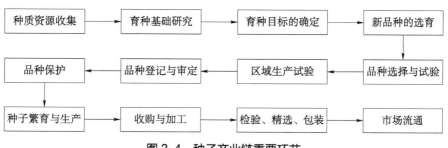

图3-4　种子产业链重要环节

2.加快全基因组选择育种技术应用，提高育种效率

深入推进良种联合攻关。以国家南繁基地、国家级种子基地和畜禽水产良种繁育基地为重点，以大型表型鉴定平台、分子育种平台等为依托，打造具有国际先进水平的基础性、前沿性研究和商业化育种体系，支持创新型企业发展。建设省级农作物、畜禽和水产良种生产基地，有效保障良种供应，全面提升良种化水平。

制订主要粮油作物良种重大科研联合攻关计划，突出问题导向，强化顶层设计，创新体制机制，为品种创新提供宏观指导，推动品种更新换代；扎实推进特色作物良种联合攻关，加快推进马铃薯、花生、甘薯、食用菌等特色作物良种重大科研联合攻关；集中优势研发力量和资源，加大特色种质资源深度挖掘和地方品种筛选测试力度，加快提升特色作物种业水平，服务乡村特色产业发展；启动实施畜禽品种振兴行动，组织开展畜禽良种联合攻关，推进生猪、奶牛、肉牛、肉羊联合育种攻关，制订并发布特色畜种遗传改良计划，加强特色品种资源选育利用（图3-5）。

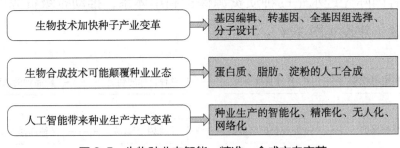

图3-5 生物种业向智能、精准、合成方向变革

3.加强新品种管理保护

以国家品种测试中心、畜禽品种性能测定站为重点，全面提升

设施装备条件和品种测试（测定）能力。加强品种审定和登记管理，推进品种试验信息化建设，提高品种管理水平。加快推进《植物新品种保护条例》修订，加快植物新品种授权速度，全面推进网上申请受理。印发关于加强农作物品种标准样品管理的通知，规范审定、登记、保护品种标准样品管理，强化品种登记管理，推进标准化建设。

4. 布局建设种业基地和重点工程

扎实推进"南繁硅谷"建设，将南繁保护区纳入高标准农田建设范围，加快生物育种专区建设，支持南繁科技城和全球动植物种质资源引进中转基地建设，推动落实海南种业改革创新各项政策，打造种业改革开放先行试验区。积极推动种子基地建设。组织开展制种大县奖励绩效评价，研究建立动态调整和常态化支持机制。探索省县共建制种大县奖励机制，推动县级种子基地建设。开展种子基地建设情况调查，争取将省县级种子基地纳入高标准农田建设优先支持范围。

深入实施现代种业提升工程，印发现代种业提升工程规划。加快推进国家作物种质资源新库建设，建设一批国家级畜禽资源保种场（区、库）。积极做好年度种业提升工程项目审批、实施、管理。建立现代种业提升工程项目库，完善项目常态化监管机制。结合种业发展实际需要，建设一批现代种业标志性重点工程。

5. 强化种业市场监管方式创新

加快推进农作物种质资源管理、种子价格监测、品种区试管理等板块整合和数据融合，探索构建品种综合评价、资源深度挖掘、市场多维度评价等智能模型，实现种业数据多功能查询、智能化分析、个性化服务等功能一网通办，以信息化建设提升种业管理决策服务水平。

健全种业质量标准体系，加强种业执法监督检查。梳理现有农作物种子种苗和种畜禽质量标准，开展种业标准体系建设研究。修订种子检测技术规程及相关标准，完善登记作物种子检测方法和标准，建立健全审定、登记作物品种 DNA 指纹库和主要畜禽品种 DNA 数据库，探索 MNP 检测技术应用。开展畜禽种业质量管理现状调研，以猪、牛、鸡等主要畜禽良种为重点，开展市场规范性调查评价，推动相关标准制（修）订，以规范化标准促进质量意识提升，推进种业高质量发展。

6. 加强种业管理体系建设

推进种业管理体系建设。强化省与县级种业管理机构对接，建立职责衔接、工作沟通和信息交流机制，推动地方种业机构职能和资源保护、品种试验、检验检测等支撑体系建设。加强行业形势分析，推动种业重大问题研究和政策创设。做足做实种业发展环境调研，编制年度种业发展报告，依托行业协会推进种业信用体系建设（图 3-6）。

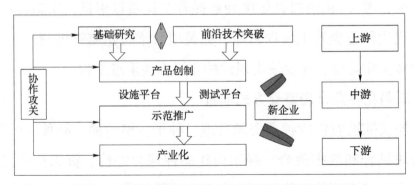

图 3-6　建立"双轮驱动"的现代种业科技创新体系

7.推进种业对外开放和国际交流

跟踪国际种业趋势和跨国公司产业链模式，研判国际种业发展形势，了解目标国市场法规和政策环境，开展种业"走出去"专题研究，强化知识产权保护。发挥协会及企业联盟的作用，推动政府间合作，鼓励有实力的企业在境外开展投资研发合作。加强与欧盟和有关国家植物新品种保护技术交流，做好农作物种子种苗、种畜禽及遗传资源进出口管理，推进种业国际技术交流合作。

二、耕地质量提升技术

耕地质量提升任务如图 3-7 所示。

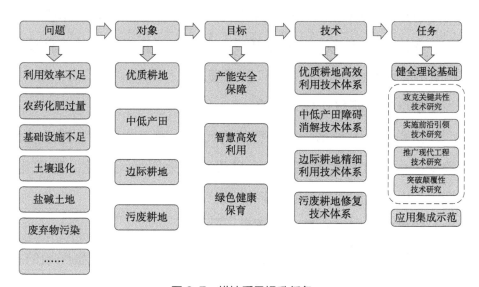

图 3-7 耕地质量提升任务

1.健全基础理论研究

围绕山东省耕地可持续发展的重大问题，明确耕地质量短板；

探究障碍因子与作用机制；形成山东省耕地质量综合调查理论体系；构建以耕地质量提升为目标的技术指标体系。

2. 重点攻克关键共性技术研究

以山东省耕地质量提升目标的核心技术需求为重点，争取在盐碱地生态保育、土壤重金属污染防治、退化土壤改良、多技术融合节水灌溉方面等关键共性技术上取得突破。

3. 重点实施前沿引领技术研究

实施基于遥感、大数据科学技术的耕地质量智能监测技术研究和地膜先进制造与循环利用技术研究；完善山东省耕地精确化监测体系；健全山东省耕地质量管护技术模式。

4. 重点推广现代工程技术研究

以边际耕地整理和种植废弃物污染预防修复的核心技术需求为重点，在传统土地整治技术的更新、耕地投入品减量增效和种植废弃物资源化利用方面形成可推广技术模式。

5. 重点突破颠覆性技术研究

以物联网、大数据、人工智能为代表，通过物联网传感系统为大数据提供渠道和数据基础，突破形成耕地质量无人化、精准化、智能化、生态化的耕地低碳管理体系。

6. 开展典型区域应用示范研究

开展以现代工程技术为主的耕地质量提升技术在典型区域的技术验证和应用示范研究，提出耕地质量提升技术的相关标准，加速成果转化应用。

7. 培养耕地质量提升技术人才

以科研院所、高校、企业、社会组织等为耕地质量提升技术创新主体，增强科研院所、高校、企业的基础理论研究、技术研发和科技创新人才培养作用。

三、智能农机装备技术

根据智能农机装备产业的发展实际，确定"生产条件—凝练问题—确定内容—攻关研发—实现应用"的路径，完善落实智能农机装备产业技术创新规划和实施（图 3-8）。

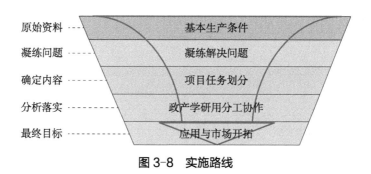

原始资料	基本生产条件
凝练问题	凝练解决问题
确定内容	项目任务划分
分析落实	政产学研用分工协作
最终目标	应用与市场开拓

图 3-8　实施路线

1. 准确凝练智能农机装备存在的问题

一是科学问题。攻克基础材料、基础工艺、电子信息等"卡脖子"问题。推进新型高效节能农用发动机、大马力用转向驱动桥和农机装备专用传感器等零部件研发，加快关键技术产业化。

二是技术问题。促进物联网、大数据、移动互联网、智能控制、卫星定位等信息技术在农机装备和农机作业上的应用，引导智能高效农机装备加快发展。

三是工程问题。加快果菜茶、牧草、现代种业、畜牧水产、设施农业和农产品初加工等产业的农机装备和技术发展，推进农业生产全面机械化。加强薄弱环节农业机械化技术创新研究和农机装备的研发、推广与应用，攻克制约农业机械化全程全面高质高效发展的技术难题。

2. 推动研发示范应用

支持优势企业对接重点用户，形成研发生产与推广应用相互促进机制，实现智能化、绿色化、服务化转型。建设大田作物精准耕作、智慧养殖、园艺作物智能化生产等数字农业示范基地，推进智能农机与智慧农业、云农场建设等融合发展。

第四章

山东省现代农业关键技术创新

第一节　山东省现代种业技术创新

以下是山东省现代种业产业技术体系（图4-1）。

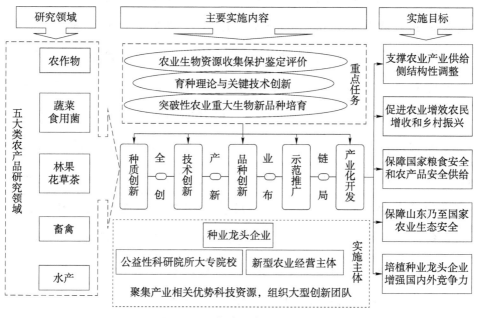

图4-1　现代种业产业技术体系

一、种质资源挖掘、评价、保护与创新利用

关键落实藏粮于地、藏粮于技战略。要加强种质资源保护和利用，加强种子库建设。我国保存的农作物种质资源总量突破52万份，但目前完成资源精准鉴定的不到10%，真正有用基因的挖掘力度远远不够。针对资源有效保护和利用缺失，资源浪费、流失严重

等现状，通过机制创新，稳定一支精干专业队伍从事公益性基础性工作，建立政府主导、全省统一的优良品种资源保护机制和全社会共建共享机制。

扩大收集国际、国内优异、珍稀种质资源，做好各类种质资源的保护、整理、利用与评价，系统升级种质资源评价能力，实现种质资源的有效共享；推进第三次全国农作物种质资源普查与收集行动，重点攻克并建设高通量、规模化表型及基因型鉴定平台，发掘携带优异基因资源种质材料，研究重要性状的遗传机制，定向改良创制高产、优质、抗逆、养分高效利用的新种质。

创制目标性状突出的育种材料，为进一步培育突破性农作物新品种提供材料支撑。构建主要种质重要性状数据库、信息系统和种质资源精准鉴定技术规范体系，加快省级种质资源数据库和信息共享服务平台建设。组建一支从事公益性基础性工作研究专业队伍；加强种业科技开发和资源优化配置，建设省种质资源库（圃、场），保护和保存本区域丰富的种质资源；创制优异新种质、优良亲本，培育新品种；建设省级种质资源信息共享服务平台。

二、种源"卡脖子"技术攻关

相对于传统的选择育种、杂交育种、诱变育种而言，生物技术育种不仅缩短了育种周期，而且能准确地选择目的基因，大大拓宽了作物遗传改良可利用的基因来源。植物新品种任何重大突破都是新育种材料创新与育种新技术实用化的完美结合。围绕粮食安全、乡村振兴、农业强省建设等国家重大战略和山东省重要发展部署，以高产、优质、抗逆、资源高效利用、环境友好为主要技术目标，瞄准品种的国际制高点，建立现代生物技术与常规技术相融合的高效育种体系，提升育种效率、精准性和可预测性；推进种质资源整合和自主科技创新攻关，重点开展突破性、原创性、亟须性新品种选育，努力实现种源自主可控，保障粮食安全。

种质资源重要性状的精准鉴定和全基因组水平上的基因型鉴定尚处于起步阶段，对目标性状的调控网络、复杂性状形成机理以及性状间互作关系研究的系统性不强，在组学水平上的变异组分析刚刚开始。瞄准国际前沿，完善和加强全基因组选择和基因编辑等育种技术创新研究，研究利用基因组、转录组、蛋白组和代谢组等多组学联合分析技术，进行重要性状关键基因的高效发掘和鉴定，解析重要性状的分子调控机理；以稀有和国外优质种质资源为材料，通过野生、近、远缘杂交手段将种质资源中重要遗传基因导入栽培农作物，针对主要农作物生产中亟待解决的抗病虫害、非生物胁迫等问题，通过图位克隆、全基因组关联分析等正向遗传学手段，克隆具有重大育种应用价值的基因。

建立主要作物高通量表型鉴定体系，创制育种中间材料和桥梁亲本，并申报独立知识产权，形成有重要指导意义的理论和有重要应用价值的技术，满足复杂性状分子设计育种的需要，逐步构建现代化育种技术体系，实现资源和信息共享。建立和完善主要农作物全基因组选择育种模型；聚合优质、抗病虫、抗逆（抗旱、耐盐碱等）、资源高效等优异基因，选育目标性状突出的农作物新品种；开发具有自主知识产权的高效基因编辑新技术。

三、大型育种企业培育

企业是种子生产的主力军，改革育种科研体制，培育市场主体，做优做强一批具备集成创新能力、适应市场需求的龙头企业。由于科研经费投入相对不充分，种子企业数量多、规模小且分散、科研人才流动性大、自主创新能力不够是种业企业市场现状，真正有实力的育、繁、推一体化的大型种业龙头企业严重缺乏。种业的竞争是资本与技术的双重竞争。打造"种业航母"，科技与资本两者缺一不可。当前，我国7 000多家农作物种子企业，规模前十家市场份额仅占13%，山东乃至全国的种业企业过渡到科技创新的主体仍然需要一段时间。

帮助企业整合资源，加快企业间的重组兼并，以资本为联结纽带，企业之间通过参股或者并购的方式，进行兼并重组，形成"规模效应"，适应市场发展，提高种子产业链资源配置效率，增加产业内的集中度，将一些外部化的交易成本转变成企业自身内部的交易制度，减少企业运营成本，提高自身的竞争力。引导科技创新环境良好、有核心竞争能力的种业企业在研发、育种、生产、加工、经营、推广服务等各环节横向并购，快速整合产业资源，优化市场竞争格局，促进种子企业向规模化、专业化方向发展，提高企业的自主研发能力，助其发展成科技创新的核心企业，实现育繁推一体化。

突出企业技术创新主体地位，加大企业科研投入。扶持优势种业企业建立科研机构和研发队伍，引进高层次人才、先进育种技术、育种材料和关键设备，按照市场化、商业化育种模式开展品种研发，培育具有自主知识产权、有突破性的、适应农业转方式、调结构的突破性农作物优良品种。

建立以市场为导向、企业为主体、品种为主线的联合攻关模式，承担良种科研攻关任务。进行全方位技术合作，健全多元投入、资源共享、收益分配的运行机制，组建跨地区、跨行业的股份制种子企业集团。形成优势龙头企业，对接资本市场，形成可持续发展能力。企业成为种业科技创新的主体，大力发展优势种业企业；建设小麦、玉米、棉花、花生、蔬菜、果茶、林木等商业化育种（苗）中心；支持企业开展育种基础设施建设和技术更新改造、产业基金形式注入资本以开展种业企业（公司）合营组建；建立规模企业种业繁育基地，扶植培育强优种业企业。

四、种子知识产权保护

企业的科研创新能力是企业竞争的根本，具体体现在品种权、专利等创新成果的拥有量方面，是决定企业生存能力的关键。知识产权保护是国际大型种业公司保护其核心价值的主要手段。种业知识产权的保护既是保护种业的科研成果，也关系着种业安全和种子企业创新的积极性。受种子企业研发能力不足的影响，自主品牌和自有知识产权缺少，品牌意识薄弱。种业企业没有将品种的更新换代及科研创新放在重要位置，没有跟上国际种业产业快速发展的步伐，极大地制约了种业的发展。

加快构建从种质资源到新品种推广全方位的育种知识产权保护体系，既能保护我国种业的发展成果，又有利于建立鼓励创新、保护创新的制度环境，从而激发科研单位和企业创新的积极性，有效地对原始品种权人的利益和利益获得途径进行保护，保障种业安全，促进种子企业向育繁加推销一体化发展。种子企业一体化运营模式的发展，反过来又将有效推动企业核心竞争力的提升。

在完善自身种子质量认证制度的同时，保障企业生产基地稳定性和品种实验示范，从而提高自主研发品牌的稳定性，有效提升种业企业一体化经营能力。尽快全面地融入国际种子的各种机构和各种国际组织体系，提高国内种子在国际市场的认可度和竞争力。修改完善种业标准、提高种业监管力度，建立种业安全监管体系；制定从种质资源到新品种推广全方位的育种知识产权保护体系；制定种业企业知识产权管理维护标准，研发新品种管理平台。

五、种业市场监管与净化

针对当前种业市场供给过剩、法律法规不健全、种业监管技术和手段落后、市场秩序不明朗等问题，重点开展市场信息挖掘、分析和应用，调控产销链条，实现生产与销售间的平衡，避免种业企业之间的过度竞争。出台专门的新品种保护法，具体、全面地保护市场新品种。出台健全的监管责任制度，明确违法行为的问责主体和惩罚措施。加大违法行为的惩治力度，建立完善的法律救济制度，健全受害农户的维权环境；提高种子市场种业准入门槛，一定程度上减轻市场主体多元化和品种多样复杂化的局面，便于开展高效的市场监管和跟踪，尤其是对小型分散性种子市场与非主要作物的经营主体的活动进行有效监管，形成市场种子企业的动态管理，保障广大农民群体的利益。

引导种业企业完善种子市场营销、技术推广、信息服务体系，加大优质种子宣传力度，建立乡村种子连锁超市、配送中心、零售商店等基层销售网点，加强售后技术服务，不断提高市场占有率。支持有实力的企业建立研发中心，鼓励企业申请知识产权保护，支持有品种权和专利技术的企业开拓种子市场。

建立"公平、透明"的种业市场环境，加快市场信息网络及种质追溯管理系统建设，为用户提供及时准确的信息服务。建立种质全程追溯管理系统；制定种业企业市场化管理标准；培养高水平高素质的种业监管专业人员；配置专业种业质量检测仪器设备；搭建种业市场监管平台。

六、种业产业化技术体系

种业是一种体系，包括种业管理、种业经营、种业研发、生产要素和种业服务五大部分。建立职责明确、科学合理的种业研发体系，坚持育、繁、推一体化方向发展，依赖于科技进步和技术创新，开发具有自主知识产权和广阔商业化前景的优良品种，以品种优势带动产品优势，实现种业做大做强的发展目标。在"专业化、特色化、创新化、链条化、平台化、国际化"战略方向基础上，继续优化、完善、加强"保育测繁推加服"全产业链种业，坚定贯彻"给农业插上科技的翅膀"，坚定落实"种业商业化科技创新"，打破科企界限，实现"科企交融、嵌合发展"，完善科企共建、收益分享的商业化育种创新体系，科技创新驱动产业转型升级。

山东省农业科技成果转移转化中心，聚集全省乃至全国农业创新、技术成果、人才、资金等优势资源，引领各类农业科技市场主体孵化。创新品种营销推广模式，完善信息化工作体系，实现种子全程质量控制，达到产品全程可追溯，实现质量管理的标准化、程序化和精细化，完善以全程质量控制为核心的种子生产加工体系，强化服务创新，推进产业不断升级。

创建国家级小麦技术创新中心，打造企业主体商业化育种"齐鲁样板"，3年达到年收入5亿元以上；创建设施蔬菜创新中心，牵头筹建区域性油料作物（大豆、花生、棉花、芝麻等）创新中心；制定农作物优良品种标准，种子生产加工技术规范，种子质量标准，种子检验方法技术规范，种子包装、运输、流通操作技术规程；建设高标准种子生产加工基地10万亩以上。

七、平台建设

种子商品率低、种子市场集中度偏低、缺乏航母型企业是种业市场发展水平的瓶颈性问题。创设模式领先的山东种业资源整合平台和农业中小企业创新创业孵化平台。按照"产权清晰、权责明确、运行规范、管理科学"的要求，健全科学规范的现代企业体制，精准攻关育种"卡脖子"技术，品种"按需定制"，打造实现从传统的"经验育种"到定向、高效"精确育种"的升级，形成以企业为主体的现代商业化育种体系。

搭建山东省农业技术成果转化的产业化综合服务平台，建设山东省农业科技成果转移转化中心，建设产学研合作平台。扩大优势种业规模，玉米、水稻、经济作物品种以及园艺种苗等走差异化发展道路，加大品种与科研、资本、服务集成，构建产学研用紧密结合机制。

加大南繁基地、分子育种和科技成果转化等公共服务平台建设，为企业提供一个更加广泛的交易平台。依托省级有关部门的政策、资金支持，协调海南、甘肃、四川及省内黄河三角洲地区和重点制种县区，升级改造山东种业及权属企业海南、甘肃等育种用地及配套设施，打造支撑种业强省建设所需的高标准良种繁育基地，打造"育繁推服"一体化的种子繁育体系。

创新战略投资管控，引领权属公司、所属机构转型发展，聚能打造"种业+"农业种植一体化方案的服务产品，构建科技创新引领新型产业生态体系。加强现有国家级、部级作物科研创新平台、工程实验室、工程技术中心、作物改良中心及国际合作研究平台建设和提升改造；搭建山东省农业技术成果转化的产业化综合服务平台；搭建基于种业全息数据的山东省特色农产品产销平台；建设黄河流域种质资源库，搭建研发本土化的具有国际竞争力的国家黄淮海分子设计育种中心。

八、政府扶持政策

科研投入不足是导致育种出现系列问题的根本原因。我国种业前十强的科研投入占销售收入的比率为1%～11%，平均仅为3.0%。种业五十强中，仅2家企业科研投入比率超过10%，8家企业为5%～10%，40家企业都小于5%。当今世界种业竞争的焦点是科技，谁在科技研发上抢占了先机，谁就能在日益激烈的竞争中赢得主动、占领市场。国际种业巨头的高比例科研投入，保证了其在种子生产核心技术上的领先和垄断地位。

增加政策保障和扶持力度，建立完善的种业发展保护体系，增强种子企业竞争力。建立种子保险制度，减少因自然和病虫灾害造成的种子生产损失，增强种子企业和农户抗御风险的能力。政策向具有潜力的创新型种子企业倾斜，培育优质种业企业，促进种子企业做大做强；鼓励种业企业与科研单位、高校等合作，建立产学研合作平台，加快科企联合步伐；建立科学合理的人才激励机制，既能培养人才，又要留住人才；改进科技投入方式，重大科研项目向已实现"育、繁、推、销"一体化的龙头种子企业倾斜，增强其自主创新能力，逐步使企业成为品种创新的主体，增强核心竞争能力。

提出山东省种子质量清单，开发山东省种子质量监测预警系统；制定种子质量评价标准规范；制定并实施种子保险规程；创新财政支持方式，启动实施种业创新基金、种业基地建设项目；每年整合不低于1亿元的资金支持现代种业发展，以产学研用相融合的创新机制推动产业化，全力打造"中国北方种业之都"。

第二节　山东省耕地质量提升技术创新

以下是山东省耕地质量提升产业技术体系（图4-2）。

技术	年份		
	2025年		2030年
耕地质量提升基础理论体系	山东省耕地质量提升的障碍因子及其作用机制	耕地肥力演变规律、地力培育、耕地微生物多样性维持机制	土壤质量与健康评估方法与指标体系
	耕地保护驱动机制、耕地质量保持与提升运行机制	耕地质量提升动力模型	
	山东省耕地质量综合调查理论体系	以耕地质量提升为目标的技术综合指标体系	
盐碱地综合治理技术	改良和推广暗管排盐技术等工程治理技术	物联网监测配合治理盐碱地技术	
	经济泌盐盐生植物产品、盐碱土恢复微生物肥料、菌剂或化学调理剂等产品	不同场景下耐盐碱植物的合理配置与优化组合模式	
	可复制推广的改良盐碱地提质增产示范模式	一批盐碱地综合治理成效显著的典型示范区	特色盐碱地品牌农业产业化发展
耕地重金属修复技术	山东省耕地重金属污染的形成过程与活化机理	污染耕地的土、水、生、气、重金属元素交换通量模型	耕地生态系统自然修复技术原理
	耕地重金属综合治理技术模式	耕地重金属污染协同防控智慧化实用技术平台	
酸化耕地有机改良技术	山东省不同种植方式下耕地酸化的成因与趋势变化	山东省主要作物的酸害阈值	耕地酸化预测模型
	化肥与改良剂配施方式	研发耕地酸化预防组控技术	秸秆田间就地炭化技术以及炭化与机械化还田一体化技术
耕地精准监测产品研制技术	重金属元素现场速测传感器和检测装备		
	硝态氮快速现场检测传感器	建立土壤信息监测物联网云服务平台、开展示范应用	
	土壤物理参数同步测量传感器		
耕地质量综合评价技术	多尺度、多功能的耕地质量综合评价指标体系		
	耕地质量大数据综合评价技术体系	耕地质量决策预警系统	
新型有机肥产品创制与产业化技术		不同场景下的有机肥合理配置及优化组合	
	有机肥新品种	土壤碳氮扩库增容有机肥培育路径	氮磷流失和碳氮排放综合控制技术
	土壤微生物对土壤污染物的降解原理	微生物肥治理技术与增效产品	
种植废弃物综合处理处置技术	农业废弃物共热解转化技术	强化与推广"气—肥—体化"技术	
	可推广的厌氧发酵控制技术	生物质能分布式商业化开发利用模式	生物天然气产业的技术攻关与发展
	高强度全回收增产地膜先进制造与循环利用技术	地膜回收配套机械技术	"生产—回收"的市场内循环机制
生态良田综合建设技术	气象灾害耕地预警技术与系统	农业应急性防洪排涝技术与装备	
	农田防护林立体配置技术	水土流失生态修复技术	生态良田低碳管护技术与模式
农田高效节水智慧灌溉技术	优化关键灌排部件	多要素—体化的智能灌溉技术系统	
	智慧用水决策服务平台	不同生态类型区的节水灌溉智慧化技术模式	

图 4-2 耕地质量提升产业技术体系

一、耕地质量提升基础理论体系

创新构建以耕地质量提升为目标的技术指标体系。研究山东省耕地质量提升的障碍因子及其作用机制；开展不同类型耕地肥力演变规律、地力培育及土壤生物多样性维持机理研究；加强土壤质量与健康评估方法与指标体系研究；研究耕地保护驱动机制、耕地质量保持与提升运行机制，提出不同类型农田土壤有机质提升原理和技术途径；构建不同管理措施下土壤有机质的平衡原理与提升潜力及动力模型；提出山东省耕地质量综合调查理论体系，探明土壤有机质提升对生物肥力激活作用机理及消障的协同机制，确定有机质提升对土壤生物肥力激活、氮磷养分高效利用及产能提升的贡献。建立与完善涵盖"源头—建设—管护—评价"的全流程耕地质量提升基础理论体系及相关指标体系。

二、盐碱地综合治理技术

围绕国家战略及当前农业发展对黄河三角洲盐碱地绿色开发利用技术需求，针对该地区滨海盐碱土壤存在"盐、板、瘦"特点和已改良的盐碱地反盐碱化等问题，研发水肥综合控盐技术，研究筛选出经济泌盐盐生植物产品，建立不同场景下耐盐碱植物的合理配置与优化组合；研发针对不同盐渍化程度农田的生态改良技术，平衡土壤养分，最大程度以碳增效，提高盐碱土改良的效率，打造一批盐碱地综合治理成效显著的典型示范区、县，持续推进特色盐碱地品牌农业产业化发展，促进盐碱地绿色开发利用。创制具有自主知识产权的盐生植物产品、微生物菌剂以及调理、钝化剂，提出综合型盐碱地治理技术、盐碱地综合治理示范模式，建立典型示范区县。

三、耕地重金属修复技术

针对山东省由于矿区开发利用等原因引起的耕地重金属污染问题，调查和研究山东省耕地重金属污染的形成过程与活化机理；研究污染耕地的土、水、生、气、重金属元素交换通量模型，提出耕地生态系统自然修复技术原理；推动多项修复技术协同发展、研发绿色综合修复模式；建立耕地重金属污染区域协同防控智慧化平台及人工智能解决方案。明确山东典型耕地重金属污染的形成过程和活化机理，建立具有自主知识产权的耕地生态系统自然修复实用技术原理、耕地重金属污染协同防控智慧化实用技术平台、开发耕地重金属综合治理技术模式。

四、酸化耕地有机改良技术

针对果园、蔬菜等经济作物种植区过量施肥引起的土壤退化问题，解析导致土壤退化的生物与非生物形成过程，明确土壤退化机理。研发鲁东地区果园酸化阻控、设施土壤脱盐降酸、限制性养分快速扩容等技术，研究山东省不同种植方式下耕地酸化的成因与趋势变化，建立耕地酸化预测模型；研究山东省主要作物的酸害阈值，为酸化土壤分类调控提供充足依据；研发耕地酸化预防组控技术、优化化肥与改良剂配施方式；研发秸秆田间就地炭化技术以及炭化与机械化还田一体化技术。结合多样化种植（豆科轮作）等管理模式、精准施肥与水肥控优技术，研制超微活化与改性天然矿物改良剂、缓释氧化剂、复合型盐碱调理剂、土壤生物抗逆调节剂、高分子聚合型生物团聚剂等制剂，集成有机阻控、镁钙协同降酸和新型功能肥料与水肥一体化高效绿色修复模式，实现耕地质量显著提升，土壤酸化治理与达标率超过50%，新型高效化肥、改良剂，耕地酸化预测模型，耕地酸化预防组控，集成组装酸化耕地有机综合改良技术模式。

五、耕地精准监测产品研制技术

针对山东省耕地监测体系不完善、产品缺乏等问题，研究土壤重金属元素的高灵敏探测方法，研制重金属元素现场速测传感器和检测装备；研究土壤氮素的感知方法，研制硝态氮快速现场检测传感器；研制土壤水、热、盐、结构等物理参数同步测量传感器；研究建立基于4G/5G网络的土壤信息监测物联网云服务平台并开展示范应用。研制对土壤信息进行现场和快速检测的新型传感器与检测仪器，其中土壤重金属传感器实现铬、镉、汞、铅等元素的同步测量，检测限不高于5毫克/千克；土壤硝态氮传感器检测精度与标准方法相比，误差小于5%；土壤物理参数同步测量传感器检测指标涵盖土壤水、热、盐；土壤信息监测物联网云服务平台入网设备不少于300台套，监测面积不少于8 000亩。

六、耕地质量综合评价技术

针对山东耕地质量评价指标体系不健全、决策预警系统缺失等问题，研发建立耕地质量天—空—地立体监测大数据综合评价技术体系和基于耕地质量监测云服务平台，准确掌握灾害的发生规律和影响程度，建立健全灾害预警及防控技术体系，提升灾害监测预警的准确性，构建服务山东省耕地质量红线和社会发展需求的耕地质量决策预警系统。提出山东省耕地质量清单，构建山东省耕地质量决策预警系统，制定耕地质量评价标准规范。

七、新型有机肥产品创制与产业化技术

针对山东耕地农药化肥使用量大、土壤有机质含量低的问题，培育高效及功能型有机肥新品种，建立不同场景下的有机肥合理配置及优化组合；研发土壤碳氮扩库增容的有机肥培育路径，建立绿肥缓减氮磷流失和碳氮排放的综合控制技术体系；研究土壤微生物对土壤重金属等污染物的降解原理，研发可降低土壤重金属活性、阻控作物吸收的微生物肥治理技术与增效产品。创制具有自主知识产权的有机肥新品种，提出综合型及节肥、控污、减排等多场景有机肥技术。

八、种植废弃物综合处理处置技术

山东省种植废弃物主要表现在农作物秸秆废弃和地膜废弃。针对此问题研发农业废弃物共热解转化技术，强化"气—肥—体化"技术支撑；研发可推广的厌氧发酵控制技术，推动形成生物天然气产业的技术攻关与发展，探索就近收集、就近转化、就近消费的生物质能分布式商业化开发利用模式。引进和研发高强度全回收增产地膜先进制造与循环利用技术、研发地膜回收配套机械，建立起"生产—回收"的市场内循环机制。具有自主知识产权的农业种植废弃物综合处理技术，高强度可循环利用新型地膜、可降解新型地膜，推动形成农业种植废弃物绿色综合处置产业形成和发展。

九、生态良田综合建设技术

针对山东省沿海耕地易受风暴潮等气象灾害而导致减产降质的问题，基于大数据、遥感、云计算等科技研发和建立气象灾害耕地预警技术与系统；研发农业应急性防洪排涝技术与装备；改良与研发农田防护林立体配置技术、水土流失生态修复技术；创新生态良田低碳管护技术与模式。生态良田建成面积约6 000万亩；搭建耕地防灾预警系统、农业应急性防洪排涝技术与装备；研究生态良田综合管护技术与模式。

十、农田高效节水智慧灌溉技术

针对山东水资源短缺、水利设施建设不足等问题，创制完善灌溉决策控制理论与技术；优化关键灌排部件，开展集成创新，形成多要素一体化的智能灌溉技术系统，实现水、肥、药智能化精准施用；研究不同作物土壤水分、养分需求，构建智慧用水决策服务平台，发展不同生态类型区的节水灌溉智慧化技术模式。创制和优化关键灌排部件，构建智慧用水决策服务云平台，提出不同生态类型区节水灌溉智慧化技术模式。

第三节　山东省智能农机装备技术创新

为突破智能农机装备领域的关键技术瓶颈，重点针对山东省智能农机装备产业发展存在的问题，结合不同产业不同动植物智能农机装备发展现状，以"高端化、智能化"为目标，基于设施农业、果业、大田、电动智能农机等作业环境和对象，围绕"关键技术、智能化装备、应用示范与推广"全创新链进行系统部署，提升山东省农机装备智能化水平，支撑引领现代农业的创新发展。从智能农机装备共性技术、设施农业智能农机装备、果园机械智能农机装备、无人农场智能农机装备等方面设置重大任务（图4-3）。

图 4-3 智能农机装备产业技术体系

一、智能农机装备关键共性技术

1. 智慧感知与处理

针对识别与定位需求，研究农业机器人识别技术，解决机器人准确区分作业对象与作业环境的问题。重点突破基于多特征和图像融合的作物、杂草、作物病虫害识别算法，提高作业对象识别准确率；研究基于生物视觉机制的仿生识别算法；研究农业机器人作业对象定位技术，重点突破作业对象的立体信息获取，作业对象的大小、距离和位置计算方法的优化，研发低成本、高效率的智能作业对象感知与处理装置，实现机器人自身行为和系统内部状态以及作业环境的实时监测。

基于多源信息融合的作业对象精准识别技术；基于立体信息获取的农业机器人作业对象精准定位技术；智能作业对象感知与处理装置。建立农业机器人作业对象、杂草、病虫害等的多特征数据库，开发农业机器人作业对象智能识别系统（作业对象识别率≥95%），开发农业机器人精准立体定位系统（作物和环境定位精度≤5毫米）；创制信息获取、信息处理等关键核心部件（处理速度提升≥30%）；识别定位作业对象、杂草、病虫害种类；关键技术及零部件自主化率达到80%以上。

2.传感器新材料

针对农业机械中传感器的精度和寿命等要求，研究新材料技术对农业生物信息、环境信息进行智能感知，解决动植物生命信息、植物生长中环境信息以及动物养殖中环境信息的原位、快速和实时测量。运用机器视觉、成像光谱等方法，实现对动植物活体状态下的行为、早期性别、激素、代谢物，以及作物生化成分、病虫害等各种生物与化学量的精确测量；研究基于新型物理测量机理等的包括土壤氮素、土壤重金属、土壤微生物等微量物质的原位感知和养殖环境中的感知重点，如基于金属氧化物、红外吸收、质谱等多种不同原理的禽畜舍有害气体电子鼻的探索；重点研制基于纳米材料的新型农业传感器，实现植物表型的活体无损高精度监测。

研究农业机械中高灵敏分子识别材料的设计制备方法；明确新材料结构与其传感性能间的构效关系；动植物生命信息、环境信息原位、快速和实时测量技术；基于新型物理测量机理的微量物质原位感知和养殖环境重点感知技术。创制动植物生命信息、动植物活体状态行为、土壤和养殖环境等智能检测传感器；开发农业传感器封装新工艺；开发分子识别传感器与智能算法相融合的智能嗅觉传感系统，创制动植物体内重要代谢物质实时同步检测设备，检测指标种类不少于5种，解析精度误差≤8%；研发信息智能采集终端，关键技术自主率达到95%以上。传感器及设备的检测精度、灵敏度、可靠性和检测效率优于国家标准。

3. 农机装备工况监测与作业控制

研究基于北斗卫星导航定位技术、遥感地理信息技术等的深松电子检测，通过深松传感器、机具传感器、北斗定位模块等，形成不受垄作、平作等种植模式影响的检测系统；研究智能播种施肥检测系统，对种肥瞬态流量、稳态流量、在线播种量、肥料堵塞、秸秆覆盖率等内容进行监控；研究基于现代智能化控制技术的谷物损失在线监测，粮食产量动态计量、脱粒功率检测、粮箱粮位、关键部件转速等多目标检测与作业质量智能调控；基于智能信息感知系统，研发深松、播种施肥、脱粒转速等作业机构智能调控技术；研发基于作业工况实时监测的作业机具寿命精准预测与预警系统；基于智能信息感知系统，研发深松、播种施肥、脱粒转速等作业机构智能调控技术；研发基于作业工况实时监测的作业机具寿命精准预测与预警系统。

基于多传感器信息交互技术，开发全种植模式下作业工况通用检测技术；集成构建农机作业决策与智能管理系统，达到高效能作业。开发农情与农机信息结合的农业装备全种植模式作业工况检测系统（深松作业深度测量误差≤3厘米，采样距离间隔≤5米，水平定位误差≤3米，测速误差≤0.2米/秒），开发在线智能施肥检测系统（种肥瞬态流量检测精度≥90%，稳态流量误差≥97%，在线播种量精度≥95%，肥料堵塞判断准确率≥98%，秸秆覆盖率检测精度≥95%），具备主要参数实时采集、故障诊断与自动监控功能；开发谷物低损收获机多目标在线检测及智能调控系统（检测指标不少于4项），损失率、含杂率、破碎率等收获作业指标检测误差优于国家标准；开发智能农机大数据数字化系统，建立智能远程操控平台，农机装备工况检测精度≥85%，作业控制准确率≥95%；按照作业控制方案执行，提高作物生产力10%以上、提高生产效率10%以上、提高综合经济效益20%以上；在全省粮油主产区示范及推广8 000亩以上。

4. 无人农场技术

研究基于物联网、大数据、人工智能、机器人等新一代信息技术的环境感知、导航避障、路径规划、多机协同等无人驾驶技术；开发具备关键生产环节作业智能控制技术、作业处方决策、作业任务分配、作业监测评价、多级协同调度等功能的全程无人化智能云管控平台；构建生产作物信息感知、环境信息感知、工况信息感知、智能决策、精准作业、智慧管理的无人化农场技术体系。

无人驾驶感知补偿、高精定位、地图修正、辅助决策和协同控制技术；基于物联网、大数据、人工智能等的无人农场生产云管控平台的开发技术。创制导航避障、多机协同调度、作业监测评价等关键核心技术，开发无人化农场云管控系统；关键技术和部件自主化率提高到 85% 以上，自主导航 / 自动驾驶系统自主化率达 95% 以上；导航误差≤5 厘米，障碍物探测距离≥30 米，主从协同作业横向误差≤10 厘米，纵向误差≤20 厘米；能效等级不低于 1 级，自动作业应用等级≥L1；在全省粮油主产区示范及推广 1 万亩以上，相比传统生产，无人农场平均增产 15% 以上，整体生产效益提高 30% 以上。

二、设施农业智能农机装备

重点是设施农业中日光温室智能化关键技术装备、食用菌全程智能化生产装备、畜牧智能化养殖关键技术装备、水产智能化养殖关键技术装备等方面存在的短板开展装备研发与示范。

1. 日光温室智能化关键技术装备

以茄果类等蔬菜为研究对象，针对设施生产过程机械化、智能化程度低的问题，开发智能化穴盘精量播种装备和育苗流水线；研究株距、行距和栽植深度自适应调整控制策略，研制番茄苗精准移栽装备；研究基于人工智能的番茄病害识别模型；研制基于机器学习的水肥、农药精量控制设备；研究温室蔬菜作物表型表达方法，构建蔬菜生长的数字孪生模型；建立复杂环境下番茄精准识别技术，研制基于多关节机械臂和仿生柔性末端执行器的智能化采摘装备。

建立复杂环境下目标对象物精准识别技术；开发日光温室狭小范围强适应性作业机构；建立精准施肥施药智能化控制决策技术。

创制精准识别定位、水肥药精量控制、穴盘精量播种机构、取苗变距机构、仿生柔性采摘末端等关键技术与核心部件；研制日光温室茄果类果蔬智能化播种和育苗流水线（播种合格率≥90%，空穴率≤5%，重播率≤5%，出芽率≥95%）、番茄苗精准移栽装备（移栽效率≥2秒/株，移栽成功率≥95%）、水肥、农药精量控制设备（控制精度≥95%）、智能化采摘装备（抓取精度≥1.5毫米，作业效率≥2.5秒/个）等智能装备；移栽成活率、采摘损伤率、识别定位精度等温室栽培工艺流程作业指标优于国家标准，关键技术及零部件自主化率达到90%以上，作业效率在现有基础上提高30%以上；建成智能玻璃日光温室，示范及推广10万平方米以上。

2. 食用菌全程智能化生产装备

针对生产过程易损伤、生长差异性大、智能化程度低的问题，研制菌袋消毒、供应以及种苗、封装、输送智能化流水线生产装备；建立温度、湿度、光照和生长关系模型，构建物联网智能环境控制系统；研究多层遮挡下复杂目标实时识别与定位方法；建立食用菌分层采收控制动态决策模型，研制基于柔性自适应采收末端执行器的智能化采收装备。

建立食用菌分层采收控制决策技术；研制食用菌柔性自适应采收末端执行器。创制遮挡目标识别与定位、分层采收动态决策、菌袋供应机构、种苗机构、柔性采收末端等关键技术与核心部件；研发菌袋配制、装袋、灭菌、冷却、接种等智能连贯作业流水线；开发环境参数与食用菌生长和生理参数智能调控决策系统（环境因素不少于4个，生长和生理参数不少于2个）；开发抗遮挡食用菌智能识别定位及成熟度检测系统（识别成功率≥90%，定位精度

≥1毫米），研制食用菌立体高效低损采收智能装备（采摘成功率≥80%，单次平均时间≤10秒，换层用时≤90秒），作业效率在现有基础上提高25%以上；关键技术及零部件自主化率达到80%以上，在全省食用菌生产基地示范及推广6000亩以上。

3. 畜牧智能化养殖关键技术装备

以生猪为研究对象，针对生猪养殖过程中养殖设备和环境控制设施简单等问题，研制生猪养殖智能化装备。研发饲草料收获加工智能化装备；基于信息感知技术，开发精准饲喂装置；构建基于大数据的生猪养殖分析预测模型库，研制智能化调控设备；研发生猪粪污清洁机器人；建立生猪智能化养殖示范区。

建立多源数据融合的在线智能分析和实时调控技术；建立高精度猪舍地图与实时定位和避障技术。创制饲草料裹包青贮商品化、生猪精细化饲喂和养殖实时监测和智能调控等关键技术及核心部件；开发养猪信息与生产过程数字化采集技术，建立生猪行为、生理、病害等养殖要素预测模型库（养殖要素种类不少于5个），数字化率达到90%以上；研发饲草料收获加工智能化装备（生产效率≥30吨/时）、精准饲喂装置、猪粪清理—收集—堆肥智能清洁机器人（作业效率提升35%以上）等智能化装备；开发智能化管控平台；产品自主率85%以上，主要性能指标达到国家同类产品先进水平，综合经济收益提高15%以上；在全省畜牧养殖基地示范及推广。

4. 水产智能化养殖关键技术装备

针对养殖过程中水质环境污染快、捕捞过程劳动力强度大等问题，开展智能化装备研究。基于多传感器技术，开发水质环境实时检测调控系统；研发循环水处理智能化装备；基于信息感知技术，研发精准饲喂智能化装置；研发智能巡检机器人；研制智能化收获装备，实现水产养殖全程智能化。

建立变量精准饲喂技术；实时监控智能化装备运行情况和养殖物的形态情况。开发水产养殖智能管理相关的智能感知技术、人工智能、智能装备等关键核心技术；监测精度达到 ±2%FS；系统响应时间在 5 秒以内，故障率在 3% 以下；创制水质环境实时检测、水循环处理、变量饲喂机构、水体清洁机构、高效捕获、精准分拣等关键技术与核心部件；研制水质检测与环境因子（水质、养殖车间温湿度等）精准调控系统［响应时间≤1 秒，养殖水质达到《渔业水质标准》（GB 11607—1989）］、精准饲喂智能化装备（节约人力 70% 以上，节约饵料 15% 以上）、高效捕获与精准分拣装置（水产损率≤5%）等智能化装备，关键技术及零部件自主化率达到 85% 以上；构建水产工厂化智能养殖大数据管控平台；在全省淡水养殖基地示范及推广 1 万立方米以上，相较于传统养殖方式，能耗降低 15% 以上，生产效率提高 30% 以上，综合经济收益提高 25% 以上，每立方米水体养殖产量达到 100 千克以上。

三、果园机械智能农机装备

以苹果为对象，分别对其花果田间管理、植保、收获与分级一体化技术等关键环节进行智能化关键技术及装备研发，以实现果园机械智能化关键技术装备研发与集成示范。

1. 花果管理智能装备

研究具备仿生功能且作业角度位姿可调的田间管理末端执行器，建立自适应传动系统及小范围高精度控制技术，适合果园环境下的多功能无人化作业平台，仿生助力机械手、多功能移动平台的关键作业机具，突破仿生采摘、疏花疏果、对靶施药等关键技术瓶颈。

针对果园环境复杂，花果田间管理费时费力及剪枝、疏花、疏果等田间管理方法对其坐果率、果品质量、采收的影响，研制果园环境感知、作业路径规划、智能化导航策略等关键技术。突破果园环境感知，环境地图构建，作业路径规划与智能化导航策略、果实识别与定位和末端执行器空间位姿控制等关键核心技术；研制仿生剪枝、疏花、疏果等末端执行器，研制姿态自适应果园升降作业平台、移动运输平台等设备；开发复杂背景下树冠花果目标识别系统，开发花果田间管理自适应控制系统；自动导航精度≤5厘米，远程控制响应时间≤3秒，能效等级不低于1级，自动作业应用等级≥L1，关键技术及零部件自主化率≥95%；作业效率在现有基础上提高20%以上，在全省苹果主产区示范及推广1万亩以上。

2. 植保智能装备

针对现有植保机械农药利用率低、残留严重、污染环境等问题，研究其雾化特性及树冠仿形调控机理；研制果园高精度地图模型构建及自动导航技术；结合多传感器和数据融合技术，研究仿生自适应调控技术及实时反馈、智能决策系统；突破基于树冠特征的超声波传感器阵列配置技术，研制对靶变量弥雾机等植保智能化装备。

建立果园树冠点云模型及仿形自适应调控技术；建立植保作业实时反馈及智能决策系统。创制果园药物施用靶标识别定位、对靶作业精准控制、药液飘移防控、果园地图构建、实时定位与导航等关键核心技术；创制耐用宽范围变量喷头、在线混药、风送风力自适应调控机构、喷头堵塞报警等核心部件；开发农药智能管理系统；研制果园智能对靶喷药机（风送风力调控等级≥5级，农药对靶使用控制精度≥90%）等智能装备；导航偏差≤5厘米，喷头堵塞报警准确率≥95%；实现果树节药10%～15%，减少药液飘移20%以上，节省人工30%以上；示范及推广1万亩以上。

3. 收获与分级一体化智能装备

苹果基础物理参数特性及其对果品分选分级的影响机制分析；构建基于视觉仿生的大视场复杂环境下苹果多目标识别模型；建立苹果高通量多通道自动定向输送及收获分级一体化技术；建立多传感器融合的苹果内外品质快速无损检测方法及预测模型。

苹果自动定向输送及收获分级一体化；收获、分级效率低，成本高，提高收获精度及效率；建立苹果内外品质快速无损检测。创制多目标识别、品质快速无损检测、低损采收、自动定向输送、自动分级等关键技术与核心部件；构建苹果多目标精准快速识别模型，建立苹果内外品质快速无损检测系统；研制苹果高通量多通道自动定向输送及收获分级一体化智能装备，具备作业参数智能调控功能，采净率≥95%，采收损伤率≤15%，苹果智能分级生产率达到10～25吨/时，主要检测指标的性能参数与进口产品性能参数相同；苹果采收分级机械化率提升15%以上，节省人工30%以上，综合经济效益提高20%以上，在全省苹果主产区示范及推广6 000亩以上；关键技术及零部件自主化率达到95%以上。

四、无人农场智能农机装备

以山东小麦、玉米、花生、大豆、棉花等主要大田粮油作物为研究对象，对其播种管收储等关键环节进行智能化关键技术与装备研发。

1. 大马力新能源拖拉机

大马力新能源拖拉机技术研究，重点研发拖拉机的功率提升及区别于传统内燃机的新能源驱动技术，包括新能源的种类、新能源下拖拉机的动力性、经济性和续航能力、新能源的安全性和补充的便利性等，构建动力系统—功率模块—新能源技术的协同系统，实现了整车动力性、经济性、安全性和便利性的提升。针对电动拖拉机电池难更换、电机犁耕作业稳定性控制、农机具机械性调节、缺乏独立动力源的问题，开展多维度高精度运动系统动力学建模与农机具点对点控制研究，以及耕阻检测及分析与永磁电机推力稳定性控制研究。研发动力电池快速更换装置；独立的电动智能化农机具；开发犁耕阻力实时检测系统，研制动力自适应匹配电动拖拉机。

针对当前拖拉机以中小型为主，且多为化石燃料驱动的问题，满足当前新能源拖拉机的安全、续航、动力等性能问题，推进新旧动能转换。农机具受力实时检测技术。电池快捷充电桩系统。开发300～400马力[①]不同能源拖拉机机型，最高牵引效率≥70%，最高行驶速度≥40千米/时，拖拉机特征滑转率下的牵引力≥1.2×10^5 牛，能效等级不低于1级，自动作业应用等级≥L1，排放等级不低于非道路国Ⅳ水平，关键技术及零部件自主化率达到95%以上。

---

① 1马力≈0.746千瓦。

2. 无人驾驶大马力拖拉机

基于大功率拖拉机的北斗融合定位方法，抗干扰、自适应能力强的导航控制方法，面向作业安全的自主避障方法，规划提高拖拉机无人作业的质量和安全性；设计转向、油门、变速、作业等操纵驱动机构。

解决功率匹配与换挡技术。针对拖拉机作业过程人工操作轨迹、作业质量难以保证、携带重型机械工作效率低等问题，拖拉机田间作业功率不足、作业效率低、安全性不高、作业质量差等问题，开发相关机型，输出功率≥250千瓦，扭矩≥1 400牛·米，自动导航精度≤5厘米，远程控制响应时间≤3秒，能效等级不低于1级，自动作业应用等级≥L1，关键技术及零部件自主化率≥95%，机具作业效率提高10%以上，导航系统首次故障前作业时间150小时以上。

3. 智能种子加工及播种装备

针对传统种子播前处理存在土壤污染、环境污染等问题，开展基于新型射频等离子种子处理技术智能化装备的研制，改善出苗率和增加产量；针对穴盘育苗播种机中存在的异形种子特别是扁平形种子的单粒播种难度大、不同种子适应性、调节难度大等问题，开展异形蔬菜种子穴盘育苗精量播种机研究；针对现有蔬菜直播机的作业效率低、播种合格率低等问题，研制高速高效蔬菜精量直播机；针对播种铺膜等联合作业机械使用卫星导航时易受气候天气因素干扰影响后续收获作业等问题，研发视觉识别技术、机械行走性能的检测技术，构建视觉识别定位的数据库，建立视觉矫正模型，研制自动导航播种铺膜联合作业机械。

常温射频等离子能牧草种子处理技术；异形种子穴盘育苗精量播种技术，构建视觉识别定位的数据库，建立视觉矫正模型。研制大气压下等离子体种子处理智能化装备，批次处理量≥25千克，处理后种子发芽率提高20%；研制异形蔬菜种子穴盘育苗精量播种机一台，播种合格率≥95%；研制高速高效蔬菜直播机一台，作业速度≥10千米/时，播种合格率≥95%；构建有视觉识别技术、机械行走性能的检测技术，突破视觉矫正，在线检测精度≥95%，研制自动导航播种铺膜联合作业机械。

4. 田间管理智能装备

为提高田间管理的除草、施肥、施药环节的机械智能化水平，同时降低肥药的资源浪费，开展复杂环境下目标识别与定位研究；构建高精度杂草识别模型，研究田间除草末端执行器，研制智能化除草装备；开展田间自动导航方法与自动对行技术研究；建立作物表型与肥药关系模型，构建智能控制决策系统，研制变量施肥喷药智能化装备；实现智能化田间管理技术与装备研发。

复杂环境下的杂草精准识别技术；自动导航技术及自动对行技术；变量施肥喷药智能化控制技术；田间自动化强适应性除草末端执行器。突破复杂环境下目标识别与定位、高精度杂草识别算法构建、路径规划和自动导航策略与自动对行技术、变量施肥喷药决策算法与控制技术等关键核心技术；杂草识别精度≥95%，自动导航精度≤5厘米，自动对行过程中轨迹误差≤5%，变量施肥喷药响应时间0.1秒，末端执行器执行周期≤3秒；实现大田作物节肥5%～10%，节药10%～15%，节省人工30%以上；在全省粮油主产区示范及推广1万亩以上。

5. 智能联合收获装备

研究高效低损收获、智能化控制、装备系统集成的联合收获装置，重点突破割台地面仿形、脱粒与清选装置工作参数自适应调控、作业效果智能检测等核心技术。振动筛频率与作物密度和位置的损伤规律和分选效果研究；建立振动筛和果梗叶的分选模型，构建振动筛频率智能控制决策系统。复杂作业工况下电动化联合收割机动力匹配关系。突破智能联合收获装置割台、脱离和清选等关键作业部件的电动化研发，实现作业参数的自适应调控。

针对收获主要粮经作物的联合收获的技术需求，解决在大喂入量、高湿条件下，联合收获作业效果差、效率低、智能化程度低、装置可靠性差等问题。重点开发频率实时可调的振动筛机构，振动筛面数量与位置分布实时检测技术，建立电动化收割机动力特性评价指标检测技术，构建电动化收割机驱动力—行驶阻力平衡模型。开发相关机型，创制喂入量、脱粒筛分效率、筛孔堵塞、籽粒损失率等实时监控、脱粒清选装置作业参数实时自动可调等关键技术及核心部件；创制低损高效智能谷物联合收获机（谷物喂入量≥12千克/秒），损失率、含杂率、破碎率等收获作业指标优于国家标准，作业效率在现有基础上提高20%以上，在全国粮油主产区示范及推广1万亩以上。

6. 盐碱地改良系统装备

综合利用卫星遥感、无人机、物联网、云计算等现代信息技术和设施设备，集成研发智能感知、诊断和决策系统；利用多维农业传感器、窄带物联网、空—天—地一体化网络，研发全程智能的无人化作业技术。重点突破盐碱地智能化开沟、不同深度土壤盐碱性精准检测等技术。以智能农机为载体，以数字化智能化服务为核心，以农机农艺结合为基础，建立"土壤生态健康—绿色投入品—智能化管理—质量安全管控与溯源"等全生命周期的专业化标准化服务模式，形成盐碱地农业综合改良解决方案。

基于无线传感的水、土、气、生多因素定位观测技术，构建区域盐碱地原位长期观测网络。开发盐碱地农业环境科研全过程的监测网络系统，建立综合信息数据库；开发全生育期人工智能管理决策系统；建立全程智能的无人化作业技术体系，形成耕种管收储运等盐碱地农业综合改良解决方案；建立全程无人化作业农业示范基地 6 000 亩以上；作业效率提高 15% 以上，综合经济收益提高 10% 以上，关键技术及零部件自主化率达到 80% 以上。

参 考 文 献

八闽务林人，[2020-04-10]. 山东省林业有关情况. https://baijiahao.baidu. com/s?id=1663508026381411078&wfr=spider&for=pc.

白岩，王桂峰，董文全，等，2018. 基于"两河流域"棉区变迁分析的棉花生产发展研究. 中国棉花，45(5): 1-3, 35.

曹建海，李海舰，2003. 论新型工业化的道路. 中国工业经济 (1): 56-62.

常红梅，2020. 现代林业技术创新存在的问题及策略探讨. 农村实用技术 (6): 147-148.

崔茂森，黄晓慧，2013. 山东省发展特色农业的"五大"成功模式. 农村经济与科技，24(4): 62-63, 58.

丁金强，王熙杰，孙利元，等，2020. 山东省海洋牧场建设探索与实践. 中国水产 (1): 40-43.

范本荣，程娟，刘利明，2020. 山东省农机装备科技创新制约瓶颈与突破路径. 农业科技管理，39(6): 31-34. DOI:10.16849/J.CNKI.ISSN1001-8611.2020.06.009.

付廷科，刘雪，贺开香，2021. 花生全程机械化发展现状及对策研究. 山东农机化 (2): 38-39.DOI:10.15976/j.cnki.37-1123/s.2021.02.025.

海报新闻，[2021-02-26]. 2020 年山东全省粮食产业总产值预计达到 4 600 亿元，占全国总量的 1/8 左右. https://baijiahao.baidu.com/s?id=1692 744049922284696&wfr=spider&for=pc.

郝茗，2021. 鲁中山区主要树种碳汇功能及林火碳汇损失动态评价. 泰安：山东农业大学. DOI: 10.27277/d. cnki. gsdnu.2021.000164.

河北省人民政府，[2021-11-30]. 河北省人民政府办公厅关于印发河北省科技创新"十四五"规划的通知. http://info.hebei.gov.cn//eportal/ui?pageId=6898990&articleKey=6996207&columnId=6907489.

河南省人民政府，[2020-04-10]. 关于加快推进农业信息化和数字乡村建设的实施意见. https://www.henan.gov.cn/2020/04-16/1318713.html.

河南省人民政府，[2021-04-13]. 河南省人民政府关于印发河南省国民经济和社会发展第十四个五年规划和二〇三五年远景目标纲要的通知. https://www.henan.gov.cn/2021/04-13/2124914.html.

济南市人民政府，[2020-06-18]. 济南市人民政府关于印发济南市促进乡村产业振兴行动方案的通知. http://www.jinan.gov.cn/art/2020/6/18/art_2612_4765379.html.

济南市人民政府，[2021-05-11]. 中共济南市委关于制定济南市国民经济和社会发展第十四个五年规划和二〇三五年远景目标的建议. http://www.jnsw.gov.cn/content/jifa/content-88-36952-1.html.

江苏省人民政府，[2021-11-22]. 省政府办公厅关于支持江苏南京国家农业高新技术产业示范区高质量发展的若干意见. http://www.jiangsu.gov.cn/art/2021/11/24/art_46144_10124085.html.

江苏省人民政府，[2021-09-02]. 省政府办公厅关于印发江苏省"十四五"科技创新规划的通知. http://www.jiangsu.gov.cn/art/2021/9/15/art_46144_10014555.html.

姜萌，刘彩玲，魏丹，等，2019. 小麦宽苗带精量播种施肥机设计与试验. 农业机械学报，50(11): 53-62.

李道亮，杨昊，2018. 农业物联网技术研究进展与发展趋势分析. 农业机械学报，49(1):1-20.

李丽荣，2020. 农村合作社在新农村建设中的重要作用研究. 食品研究与开发，41(16): 1.

李喜玲，2021. 农村合作社发展现状及对策研究. 农家参谋 (21): 102-103.

李毓，王海婷，2021. 济宁市设施种植机械化发展现状及对策 . 山东农机化 (4): 27-28. DOI: 10.15976/j.cnki.37-1123/s.2021.04.015.

刘琛，张多勇，伊永林，2021. 肥城市农机化发展路径探析 . 山东农机化 (2): 31-32. DOI: 10.15976/j.cnki.37-1123/s.2021.02.021.

刘成良，林洪振，李彦明，等，2020. 农业装备智能控制技术研究现状与 发展趋势分析 . 农业机械学报，51(1): 1-18.

刘彦随，2018. 中国新时代城乡融合与乡村振兴 . 地理学报，73(4): 637-650.

罗锡文，廖娟，胡炼，等，2016. 提高农业机械化水平促进农业可持续发 展 . 农业工程学报，32(1): 1-11.

马根众，朱月浩，2019. 山东小麦生产全程机械化现状与对策 . 农机科技 推广 (12): 29-32.

农业农村部 中央网络安全和信息化委员会办公室，[2020-01-20]. 数字 农业农村发展规划（2019—2025 年）. http://www.moa.gov.cn/xw/zwdt/ 202001/t20200120_6336380.htm.

农业农村部，[2021-02-21]. 中共中央 国务院关于全面推进乡村振兴 加快农业农村现代化的意见 . http://www.moa.gov.cn/xw/zwdt/202102/ t20210221_ 6361863.htm.

潘晓峰，2017. 山东省农业机械化发展研究 . 泰安：山东农业大学 .

前瞻经济学人，[2021-11-29]. 年山东省水产养殖业发展现状及市场规模分 析水产养殖总产值千亿左右震荡 . https://baijiahao.baidu.com/s?id=171775 1103623423751&wfr=spider&for=pc.

青岛市人民政府，[2019-12-24]. 关于加快推进农业机械化和农机装备产 业转型升级的实施意见 . http://www.qingdao.gov.cn/zwgk/xxgk/bgt/gkml/ gwfg/202010/t20201016_349986.shtml.

青岛市人民政府，[2020-12-31]. 关于制定青岛市国民经济和社会发展第 十四个五年规划和二〇三五年远景目标的建议 . http://www.qingdao.gov.

cn/zwgk/zdgk/fgwj/zcwj/swgw/2020ngw_5445/202012/t20201231_2875526.
shtml.

邱韶峰，梁磊，吴宁，2021. 山东省畜牧装备行业概况 . 中国奶牛 (4): 61-
65. DOI:10.19305/j.cnki.11-3009/s.2021.04.014.

山东省农业农村厅（山东省乡村振兴局），[2012-09-20]. 李克强：协调
推进工业化城镇化农业现代化有效释放我国内需巨大潜力 . http://nync.
shandong.gov.cn/xwzx/mtjj/201209/t20120920_3280587.html.

山东省农业农村厅（山东省乡村振兴局），[2017-12-28]. 中华人民共和
国农民专业合作社法 . http://nync.shandong.gov.cn/zwgk/zcwj/flfg/201712/
t20171228_3331208.html.

山东省农业农村厅，[2021-12-10]. 关于加快推进设施种植机械化发展的
指导意见 . http://nync.shandong.gov.cn/zwgk/tzgg/tfwj/202112/t20211210_
3802480.html.

山东省人民政府，[2021-05-13]. 山东省国民经济和社会发展第十四个
五年规划和 2035 年远景目标纲要 . https://www.ndrc.gov.cn/fggz/fzzlgh/
dffzgh/202105/P020210513602621066980.pdf.

山东省人民政府，[2021-12-16]. 山东半岛城市群发展规划（2021—2035 年）.
http://nync.shandong.gov.cn/zwgk/tzgg/tfwj/202112/t20211216_3810132.
html.

山东省人民政府，[2021-01-26]. 关于全面推进乡村振兴加快农业农村现
代化的实施意见 . http://www.shandong.gov.cn/art/2021/3/5/art_107851_
110921.html.

山东省人民政府，农业农村部，[2021-10-28]. 关于印发共同推进现代农
业强省建设方案（2021—2025 年）的通知 . http://www.shandong.gov.cn/
art/2021/10/28/art_107851_114919.html.

山东统计局，[2021-02-28]. 2020 年山东省国民经济和社会发展统计公报 .
http://tjj.shandong.gov.cn/art/2021/2/28/art_6196_10285382.html.

山东省统计局，国家统计局山东调查总队，2020. 2020 山东统计年鉴.
　北京：中国统计出版社.

山东省统计局，国家统计局山东调查总队，2021. 2021 山东统计年鉴.
　北京：中国统计出版社.

陕西省人民政府，[2019-08-05]. 陕西省人民政府关于加快农业机械化和
　农机装备产业转型升级的实施意见. http://www.shaanxi.gov.cn/zfxxgk/
　zfgb/2019_3941/d14q_3955/201908/t20190805_1637177.html.

陕西省人民政府，[2021-03-02]. 全省国民经济和社会发展第十四个
　五年规划和二〇三五年远景目标纲要. http://www.shaanxi.gov.cn/xw/
　sxyw/202103/t20210302_2154680.html.

苏日贺，2020. 从茶叶合作社看日照绿茶产业发展——基于日照市岚山区
　后崖下茶业专业合作社的调查 [J]. 中国农民合作社 (5):61-62.

孙凝晖，张玉成，石晶林，2020. 构建我国第三代农机的创新体系. 中国科
　学院院刊，35(2): 154-165. DOI:10.16418/j.issn.1000-3045.20200107003.

天桥区农业农村局，[2021-12-15]. 山东省乡村振兴促进条例. http://www.
　tianqiao.gov.cn/art/2021/12/15/art_45601_4793754.html.

王桂峰，王安琪，秦都林，等，2019. 山东省棉花产业发展情况调研报
　告. 棉花科学，41(4):3-15.

王宏轩，2021. 牵引式多功能鲜食玉米收获机的设计及试验研究. 大庆：
　黑龙江八一农垦大学. DOI: 10.27122/d.cnki.ghlnu.2021.000238.

王磊，李文清，刘丹，等，2020. 山东省木本油料树种资源利用及产业化
　发展探讨. 安徽农业科学，48(17): 146-151，201.

王玮，王树军，2017. 山东省林业一二三产业融合发展研究. 安徽农业科
　学，45(20): 212-213，216. DOI:10.13989/j.cnki.0517-6611.2017.20.062.

王晓光，鲍桂见，2021. 日照市农机化发展特点及政策建议. 山东农机化
　(1): 33-34. DOI: 10.15976/j.cnki.37-1123/s.2021.01.016.

王晓亮，2013. 雷沃农业装备科技下乡助力秋粮丰收 . 农机科技推广 (9): 60-61.

辛尚龙，赵武云，戴飞，等，2018. 全膜双垄沟播玉米穗茎兼收对行联合收获机的研制 . 农业工程学报，34(4): 21-28.

徐晋，2021. 济南市经济作物机械化发展现状调研 . 山东农机化 (1): 31-32. DOI: 10.15976/j.cnki.37-1123/s.2021.01.015.

烟台市投资促进中心，[2018-08-21]. 山东省人民政府办公厅关于加快全省智慧农业发展的意见 . http://idb.yantai.gov.cn/art/2018/8/21/art_1355_1678910.html.

阳光蔬菜工厂，[2020-05-25]. 山东的"蔬菜江湖"中，谁"最能打"? 寿光、兰陵、莘县 . https://new.qq.com/omn/20200525/20200525A027FX00.html.

姚彬，2018. 玉米收割机升级产品：雷沃谷神 CC04. 农村新技术 (10): 40.

臧广越，2020. 山东省马铃薯机械化发展情况分析 . 农业技术与装备 (1): 70-71，73.

张松兰，丁才新，2021. 菏泽市花生生产机械化情况调研 . 山东农机化 (4): 25-26. DOI: 10.15976/j.cnki.37-1123/s.2021.04.014.

张喜瑞，吴鹏，王克恒，等，2019. 4YZT-2 型自走式鲜食玉米对行收获机设计与试验 . 农业工程学报，35(13): 1-9.

浙江省人民政府，[2019-08-06]. 浙江省人民政府关于推进农业机械化和农机装备产业高质量发展的实施意见 . http://www.zj.gov.cn/art/2019/8/6/art_1229017138_64725.html.

浙江省人民政府，[2021-02-05]. 浙江省"十四五"规划纲要新闻发布会 . http://www.zj.gov.cn/col/col1229488586/index.html.

中共中央党校（国家行政学院），[2021-11-16]. 习近平：关于《中共中央关于党的百年奋斗重大成就和历史经验的决议》的说明 . https://www.ccps.gov.cn/zl/lzqhjs/202111/t20211116_151720.shtml.

中国青年网，[2015-02-09]. 习近平邀请哪些国家共建"一带一路". http://news.youth.cn/tbxw/201502/t20150209_6466842.htm.

中国山东网，[2021-05-20]. 山东畜牧产业规模大连续多年稳居全国第一. https://baijiahao.baidu.com/s?id=1700273426316783206&wfr=spider&for=pc.

中华人民共和国国家发展和改革委员会，[2021-12-01].《河北省建设全国产业转型升级试验区"十四五"规划》发布. https://www.ndrc.gov.cn/xwdt/ztzl/jjyxtfz/202112/t20211201_1306656.html?code=&state=123.

中华人民共和国农业农村部，[2018-09-30]. 农业农村部办公厅关于印发《乡村振兴科技支撑行动实施方案》的通知. http://www.moa.gov.cn/govpublic/KJJYS/201809/t20180930_6159733.htm.

中华人民共和国农业农村部，[2020-06-29]. 农业农村部关于加快推进设施种植机械化发展的意见. http://www.moa.gov.cn/govpublic/NYJXHGLS/202006/t20200629_6347402.htm.

中华人民共和国农业农村部，[2021-08-16]. 对十三届全国人大四次会议第5058号建议的答复摘要. http://www.moa.gov.cn/govpublic/XZQYJ/202108/t20210816_6374106.htm.

中华人民共和国中央人民政府，[2015-05-08]. 国务院关于印发《中国制造2025》的通知. http://www.gov.cn/zhengce/content/2015-05/19/content_9784.htm.

中华人民共和国中央人民政府，[2017-10-21]. 从决胜全面建成小康社会到全面建成社会主义现代化强国——十九大代表谈"两个一百年"奋斗目标. http://www.gov.cn/zhuanti/2017-10/21/content_5233559.htm.

中华人民共和国中央人民政府，[2018-12-29]. 国务院印发《关于加快推进农业机械化和农机装备产业转型升级的指导意见》. http://www.gov.cn/xinwen/2018-12/29/content_5353337.htm.

中华人民共和国中央人民政府，[2018-09-29]. 新闻办就《乡村振兴战略

规划（2018—2022 年）》有关情况举行新闻发布会 . http://www.gov.cn/
xinwen/2018-09/29/content_5326689.htm#1.

中华人民共和国中央人民政府，[2019-05-16]. 中共中央办公厅 国务院办
公厅印发《数字乡村发展战略纲要》. http://www.gov.cn/zhengce/ 2019-
05/16/content_5392269.htm.

中华人民共和国中央人民政府，[2021-02-21]. 中共中央 国务院关于全面推
进乡村振兴加快农业农村现代化的意见 . http://www.gov.cn/zhengce/2021-
02/21/content_5588098.htm.

中华人民共和国中央人民政府，[2021-03-14].《中华人民共和国国民经
济和社会发展第十四个五年规划和 2035 年远景目标纲要》单行本出版 .
http://www.gov.cn/xinwen/2021-03/14/content_5592884.htm.

中华人民共和国中央人民政府，[2021-10-25].《中共中央 国务院关于完
整准确全面贯彻新发展理念做好碳达峰碳中和工作的意见》发布 . http://
www.gov.cn/xinwen/2021-10/25/content_5644687.htm.

中华人民共和国中央人民政府，[2021-11-01]. 中共中央办公厅 国务院
办公厅印发粮食节约行动方案 . http://www.gov.cn/zhengce/2021-11/01/
content_ 5648085.htm.

淄博市农业机械事业服务中心，[2019-11-15]. 山东省人民政府关于加快推
进农业机械化和农机装备产业转型升级的实施意见 . http://nj.zibo.gov.cn/
art/2019/11/15/art_444_1798204.html.

淄博市农业机械事业服务中心，[2021-03-31]. 关于印发《全市推广应用智
能农机装备促进数字农业发展的方案（2021—2025 年）》的通知 . http://
nj.zibo.gov.cn/art/2021/3/31/art_436_2101177.html.

淄博市人民政府，[2021-05-17]. 淄博市国民经济和社会发展第十四个五
年规划和 2035 年远景目标纲要 . http://fgw.zibo.gov.cn/gongkai/channel_
c_5f9fa491ab327f36e4c13070_n_1607419590.963/doc_60d2a79f768d5d
03795c28a3.html.

JAFAR H A., SURENDRA S, 2009. Optimization and evaluation of rotary tiller blades Computer solution of mathematical relations. Soil & Tillage Research, 106: 1-7.

SATIT K, VILAS M.S, PANADDA N, 2007. Wearresistane of therm ally sprayed rotary tiller blades Wear, 263: 604-608.

XI X, GU C, SHI Y, 2020. Design and experiment of no-tube seeder for wheat sowing. Soil and Tillage Research, 204: 1-9.